彩色图解

抚琴品茶202问

李志滨 —— 主编

中国农业出版社

图书在版编目（CIP）数据

彩色图解 抚琴品茶202问 / 李志滨主编. — 北京：中国农业出版社，2018.5
（茶事问答）
ISBN 978-7-109-23228-0

I. ①彩… II. ①李… III. ①品茶 – 中国 – 图解 IV. ①TS971.21-64

中国版本图书馆CIP数据核字（2017）第189045号

中国农业出版社出版
（北京市朝阳区麦子店街18号楼）
（邮政编码100125）
策划编辑 李梅
责任编辑 李梅

北京中科印刷有限公司印刷 新华书店北京发行所发行
2018年5月第1版 2018年5月北京第1次印刷

开本：710mm × 1000mm 1/16 印张：9.25
字数：200千字
定价：39.90元

古琴——中华音乐的正统，华夏本土乐器，
形制极简约、自由，却内涵极丰，
旋律意蕴深沉、潇洒飘逸，极具虚、远之空灵美感，
与茶、香等共同营造中国文人追求的神韵与意境。

抚琴，古人生活中的雅事

（一）古人之“琴”

概论

汉以前

汉代

魏晋

宋元

明清

（二）古琴曲

（三）古琴故事和诗词

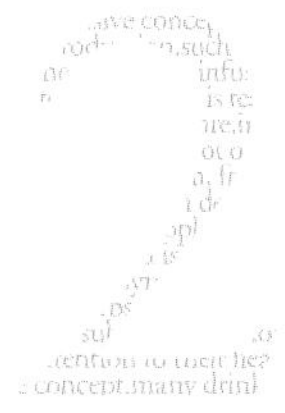

余音袅袅，现代人的古琴之爱

（一）古琴

（二）琴谱

（三）抚琴

（四）初习古琴——修习与修养

抚琴、焚香与品茗

抚琴，古人生活中的雅事

古琴是什么时候出现的乐器？

古琴有着怎样的艺术魅力？

“焚香抚琴”“焚琴煮鹤”是什么意思？

一张古琴上蕴含了哪些中国传统哲学思想？

（一）古人之“琴”

概论

001 什么是古琴

古琴就是古代的“琴”，又叫瑶琴、玉琴、七弦琴、绿绮、丝桐等，位列中国古代四艺“琴棋书画”之首，是中国传统乐器的杰出代表。古琴有七弦十三徽，近代，为了区别于诸多西方乐器（如钢琴、竖琴、提琴等）加一“古”字，称“琴”为古琴。

002 古琴文化发展的轨迹是怎样的

古琴至今有三千多年历史，是世界最古老的弹拨乐器之一，是中国古代精神文化在音乐方面的主要代表之一。传说古琴最初创制于原始社会，西周时期已广为流传，与瑟、鼓等乐器在祭祀等活动中演奏。春秋战国时期，古琴的演奏以独奏为主。汉魏六朝是古琴艺术发展的兴盛时期，大量古琴乐曲问世。唐代因西域音乐传入，古琴发展受抑，但古琴谱的出现促进了古琴艺术的传播，对后世古琴音乐的发展产生了深远影响。宋、元时期，古琴音乐发展显著，古琴艺术从宫廷走向民间，并吸收民间音乐的精华，形成了独特的风格。明、清时期是古琴流派产生的重要时期，以地方色彩为主要特征的古琴流派相继产生，各流派都有一定数量的代表作品。

清末民国年间，古琴艺术日趋凋零。近年来，随着传统文化的复兴，古琴音乐开始复苏，并正在掀起一股“古琴热”。古琴文化蕴含着丰富的中国传统文化元素和哲学思想，弘扬古琴文化有利于实现中华民族的伟大复兴，实现中国梦。

003 古琴具有怎样的艺术魅力

古琴是华夏本土乐器，历来被视为中华音乐的正统。其形制、曲目、特殊的记谱方式、丰富独特的演奏技巧都体现了中国音乐艺术的至高境界。古琴本身形制极简约和自由，但却拥有丰富的内涵。古琴音乐具有深沉蕴藉、潇洒飘逸的风格特点和感人至深的艺术魅力，擅长营造一种“虚”“远”的空灵美感，追求含蓄、内在的神韵和意境。

004 古琴最初可见于何时

古籍记载，古琴的初始形态见于尧舜时期，至西周已普遍使用。

在古籍中记载有伏羲作琴、神农作琴、尧舜作琴等传说，汉代蔡邕的《琴操》开篇写道：“首昔伏羲氏作琴，所以御邪僻，防心淫，以修身理性，反其天真也。”《尚书》中记载：“舜弹五弦之琴，歌南国之诗，而天下治。”除古籍外，根据已发现的考古遗存中的相关信息也可推测出，古琴已有三千多年历史。

005 古琴何时已普遍使用

古琴在西周时期已普遍在宴请、祭祀等活动中使用，并常与瑟、笙、磬、鼓等传统乐器一起出现。

殷商甲骨文中，“乐”字为“上丝下木”的图案，甲骨文专家认为其意为琴瑟等弦类乐器。《诗经》中有对琴瑟的描述，如《诗经·小雅·鹿鸣》：“呦呦鹿鸣，食野之苹。我有嘉宾，鼓瑟鼓琴。”这说明古琴在春秋时期已是民间非常受欢迎的乐器。

006 一张古琴上蕴含了哪些中国传统哲学

一张古琴上蕴含着丰富的中国传统文化元素和哲学思想。汉代蔡邕《琴操》中说：琴长三尺六寸五分，象三百六十五日也。广六寸，象六合也。文上曰池，下曰岩。池，水也，言其平。下曰滨，滨，宾也，言其服也。前广后狭，象尊卑也。上圆下方，法天地也。五弦宫也，象五行也。大弦者，君也，宽和而温。小弦者，臣也，清廉而不乱。文王、武王加二弦，合君臣恩也。宫为君，商为臣，角为民，徵为事，羽为物。

古琴中蕴含着丰富的中国传统文化元素，如：

① 古琴由琴面和底板组合而成，琴面呈弧形，代表天，底板平，代表地，契合“天圆地方”的说法。

② 起初古琴只有五根弦，代表金、木、水、火、土五行，传说到周朝，周文王、周武王各加一弦，从此古琴变为七弦琴。

③ 古琴有“泛音”“按音”和“散音”三种音色，分别象征着天、地、人。

007 目前发现的最早的一张七弦古琴是什么时期的

据研究，1993年湖北省荆门市郭店村1号墓地出土的战国时期七弦琴——“荆门郭店七弦琴”是目前发现的年代最早的七弦琴实物。

008 古人为何喜欢习琴

在古代，琴不仅在政治生活中发挥着重要的作用，更关乎人们道德情操的修养，习琴能够养正心而灭淫气，能操琴是文人雅士身份的象征，更是高素质的体现，所以古人崇尚学琴。

《尚书》中载：舜弹五弦之琴，歌南国之诗，而天下治。可见古琴最初不仅仅作为一种愉悦身心的乐器而存在，习琴更被视为有教化民心的重要作用。《礼记·文王世子》中说：“乐，所以修内也；礼，所以修外也。礼乐交错于中，发形于外，是故其成也怿，恭敬而温文。”可见古人非常注重音乐对人的内在情操与修养的教化作用。

荆门市郭店出土的七弦琴

曾侯乙墓出土的战国时期五弦琴复制品

009 古琴为何居于文人“四艺”之首

古琴是中国历史最为悠久的弦乐，是古代文人修习音律的首选。汉代《新论·琴道》中说“琴之言禁也，君子守以自禁”，汉武帝推行“罢黜百家，独尊儒术”以后，琴学成为正统，“琴者，禁也”成为儒家倡导的古琴主流美学思想。儒家以教化为音乐的首要功能，强调“中正”“平和”的音乐思想，推崇古、雅、淡、和，因而，“琴”居于文人四艺（琴、棋、书、画）之首。

宋代赵佶《听琴图》局部

010 古人认为应如何学琴

清朝琴家蒋文勋在《二香琴谱》中说：“汝老老实实弹去，功夫既至，纯熟之后，有不期然而然者。”琴声好听，但学琴不易，唯有苦练。首先，要掌握弹琴的基本功，只有基本功扎实，才能弹好琴曲。其间更要努力提高文化素养，从而能够深刻地理解、进而表达琴曲的精神内涵。再通过勤学苦练，方能成才。

011 古人用什么作古琴的量词

古人用“床”“张”作古琴的量词。

古人将上面有面板、下面有足撑的器物，无论是放置物品，还是坐卧使用，都称为床，如“茶床”“食床”“禅床”“笔床”等，放琴的叫琴床，所以古人以“床”为琴的量词，称“一床琴”。

另外，宋代苏轼《行香子·述怀》中有：“对一张琴，一壶酒，一溪云”，《红楼梦》第八十六回中，宝玉道：“我不信，从没有听见你会抚琴，我们书房里挂着好几张……”可知，古人也以“张”为古琴的量词。

012 古代哪些仪式中会弹奏古琴

在古代，古琴多在各种大型典礼、仪式中演奏，例如朝会、祭祀、祈福、宴请等，与其他各种传统乐器合奏或独奏。

汉以前

013 先秦时期有哪些名琴

先秦时期最为著名的古琴，一是传说伯牙曾弹奏过的周代名琴号钟，一是春秋时期的名琴绕梁。

014 史书记载的最早的一位专业琴师是谁

相传最早的乐师为殷商时的师涓，而史书记载的最早的专业琴师是春秋时的楚人钟仪。据《左传》记载，楚国宫廷琴师世家出身的钟仪被郑国军队俘获，被郑国作为礼物送给晋侯。两年后，晋侯发现了钟仪，钟仪自称伶人，晋侯命他演奏古琴。钟仪弹奏了楚调。晋侯感动于钟仪不忘故土，不弃操琴，就放他回到了楚国。

015 先秦时期著名的古琴大家有哪些

古琴音乐在春秋战国时期已具有一定的艺术影响力，有伯牙弹琴子期善听等传说，并涌现出多位著名的古琴大师，如晋国的师旷，楚国的钟仪、伯牙，卫国的师涓，郑国的师文，鲁国的师襄、孔子，齐国的雍门周等。

016 先秦时期著名的古琴曲有哪些

先秦时期著名的古琴曲有《高山流水》《雉朝飞》《阳春》《白雪》等。

017 古人为何总把琴、瑟联系在一起

“窈窕淑女，琴瑟友之”“妻子好合，如鼓琴瑟”，从这些诗歌中可见琴、瑟关系的密切。

琴、瑟可用于合奏，也可单独演奏。合奏时，琴在台前，瑟在台后；琴离客近，瑟离客远；琴师多为主人或美丽女子，瑟师则多为男性，琴、瑟和鸣，相呼相应。单独演奏时，古琴在宾客面前演奏，宾客安静地专注于欣赏琴声；瑟多用于宾客社交场合，作为背景音乐，常在屏风后演奏。

018 琴、瑟、筝有什么区别

琴、瑟、筝三种乐器的弦数、体积都区别较大。古琴起初有5根弦，现在是7根弦；瑟起初有50根弦，现在是25根弦；筝起初有12根弦，现在

为21根弦。三种乐器的大小尺寸也有较大区别。发音方面，古琴无音码，可通过左手按徽位调节发音，有散音、按音、泛音，是一弦多音；筝和瑟，一弦一码一音，演奏时通过左手的按、压、放等指法于琴码左方奏出滑音、变化音等。

古琴虽只有七根弦，却比瑟、筝的音域宽。

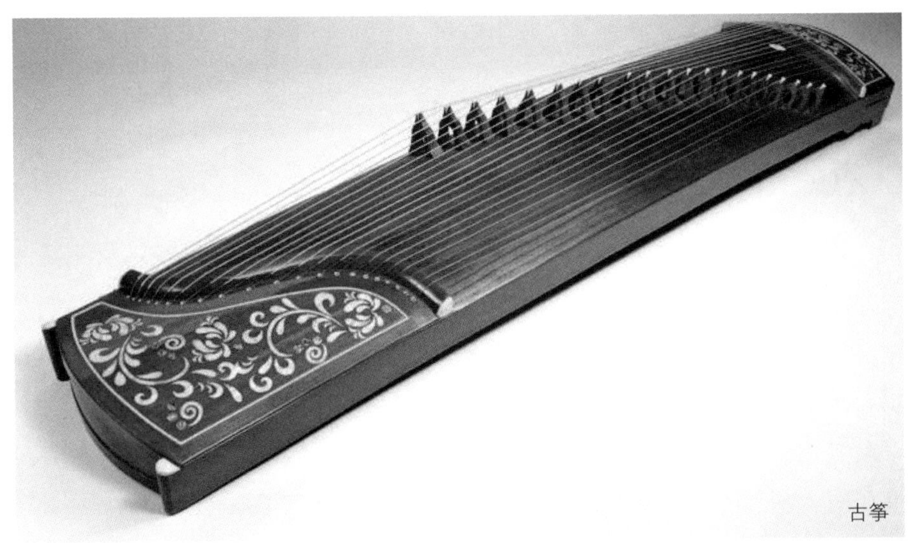

古筝

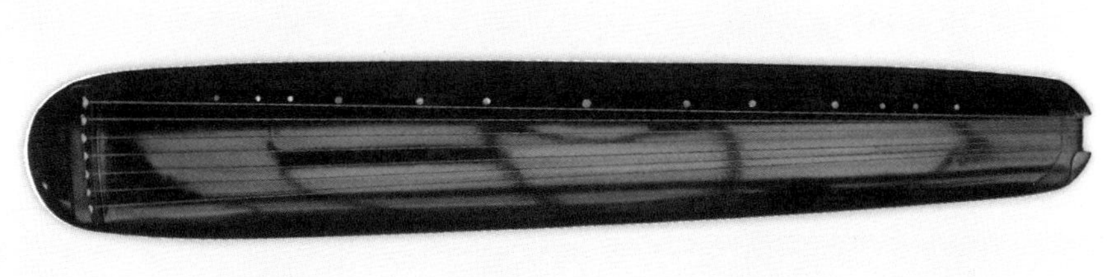

古琴

古筝和古琴

019 “焚香抚琴”“焚琴煮鹤”是什么意思

设案焚香，弹奏古琴，在飘缈缭绕的香气与氛围中弹奏出悠悠的琴音，这是“焚香抚琴”（或“焚香操琴”）之雅，为文士所追求的美好精神享受。

把琴当柴烧，把鹤煮了吃，糟蹋了美好的事物——“焚琴煮鹤”，与“清泉濯足”“花下晒裈”“背山起楼”“对花啜茶”“松下喝道”并列为几大大煞风景之事。

020 什么是古琴的“六忌、七不弹”

古人崇尚古琴高古的意蕴，强调弹琴的时机、心情、仪容以及环境、对象，将不适宜操琴的情形归总为“六忌、七不弹”。

“六忌”指六种不适宜弹琴的天气，具体为：大寒、大暑、大风、大雨、迅雷和大雪。

“七不弹”则为七种不适宜操琴的人与环境状况，具体为：闻丧者、奏乐时、事冗时、不净身、衣冠不整、不焚香以及不遇知音。

唐代《调琴啜茗图》局部

021 古代古琴的演奏形式有哪些

古琴的演奏形式主要为琴歌、独奏、合奏。

根据文献记载，先秦时期，古琴多用于郊庙祭仪、祈福、朝会、典礼等重大场合，多以合奏的方式（例如和编钟、瑟、笙、磬等传统乐器）演奏。

独奏多用于上流文人雅士之间，主要出于对琴乐艺术的欣赏。

以琴为声乐伴奏的演奏形式，早在《尚书》中已有“搏拊琴瑟以咏”的记载，周代多用琴、瑟为歌唱伴奏，叫“弦歌”。

汉 代

022 汉代琴学是如何发展的

汉代是古琴文化发展兴起的重要阶段。秦在宫廷中设立了专门的音乐机构——乐府，汉沿袭秦“乐府”，为汉宫廷活动服务，并广泛收集各地音乐（包括少数民族和外域音乐），对当时及后世音乐的丰富和传播有重大促进作用。古琴音乐在汉代被提升到一个新的高度，汉代董仲舒提出“罢黜百家，独尊儒术”，以孔子为代表的儒家学说的地位不断上升，琴学得其正统地位，琴学思想、古琴艺术均取得了较大的成就。

023 汉代古琴为何会成为“八音之首”

“八音”最早见于《周礼》，指中国古代制作乐器的材料，如金（制成钟等乐器）、石（制成磬）、丝（制成琴、瑟等乐器）、竹（制成箫等乐器）、匏（制成竽、笙等乐器）、土（制成埙、缶等乐器）、革（制成鼓等乐器）、木等，也泛指音乐。不同朝代，八音之首不同，如周代视钟为八音之首，汉代以琴为八音之首。

孔子认为，音乐为人的全面修养中不可或缺的部分，他教授六艺，重视古琴，从而使古琴文化成为儒家文化的重要组成部分。汉代，儒家思想成为正统，古琴被尊为八音之首。

024 古琴是什么时候定型的

古琴是汉代定型的。汉代是古琴史上的决定性时代，从汉末起，一般琴是用一块三尺六寸长、六寸宽、两寸厚的桐木（梧桐木）板制成，用硬木在头部镶上“岳山”（包括轸池），在尾部镶上“龙龈”（包括焦尾），在底面插上两个“雁足”；琴通体上漆，最后嵌上十三个螺钿制成的“琴徽”。琴徽的出现和弦数定为七条，标志着古琴这一乐器的定型。

马王堆出土的西汉时期的七弦琴复制品

025 汉代有哪些著名的琴学专著

由于汉代古琴的重大发展，出现了一批著名琴学专著，如桓谭的《新论·琴道》、蔡邕的《琴操》、扬雄的《琴清英》、刘向的《琴说》、刘籍的《琴议》等。

026 汉代著名琴师有哪些

汉代有很多独具特色的琴师，最为著名的如：宫廷音乐家李延年，他创作了著名的《摩柯兜勒》；琴家桓谭，著《新论·琴道》；琴家蔡邕，创作了著名的《蔡氏五弄》（一曲一弄，为《游春》《渌水》《幽思》《坐愁》《秋思》）；女琴家蔡琰（蔡邕的女儿，字文姬），其代表作为《胡笳十八拍》。

027 中国古代的四大名琴是哪四张琴

中国古代四大名琴为：号钟、绕梁、绿绮、焦尾。其中“绿绮”为古琴的别称。

① 号钟。号钟是周代名琴，后被通晓音律的齐桓公收藏。据记载，这张琴琴音洪亮，犹如钟声激荡、号角长鸣，琴声震耳欲聋，传说古代杰出的琴家伯牙曾弹奏过号钟。

② 绕梁。绕梁是楚庄王的爱琴。这张琴以“绕梁”命名，其特色为“余音绕梁，三日不绝”，因而令楚庄王痴迷，并因难以抗拒绕梁琴声，担心自己因沉迷音乐而毁琴。

③ 绿绮。绿绮是汉代文人司马相如得到的一张传世名琴。传说司马相如用这张琴演奏了一曲《凤求凰》，获得才女卓文君的仰慕，并缔结良缘，成就一段千古知音佳话。

④ 焦尾。焦尾是东汉著名文学家、音乐家蔡邕亲手制作的一张琴。这张琴取材于一段尚未烧完、一端有烧焦痕迹的桐木，由蔡邕亲手制作，琴音不凡，因琴尾有焦痕，取名“焦尾”。

魏 晋

028 魏晋时期古琴的发展如何

魏晋时期是古琴艺术的兴盛时期，魏晋名士对古琴艺术推崇备至，这是古琴发展的重要推动力。魏晋时期也是古琴作为器乐演奏的一个重要发展阶段。

029 魏晋时期古琴为何受到名士们的青睐

魏晋时期社会动荡，政权更替频繁，政治迫害残酷，文人士子的抱负无法施展，他们在黑暗的现实中迷惘，感叹人生无常、生命短暂，因此他们肆意地表达自我，追求人的内在精神。正如宗白华先生所言：汉末魏晋六朝是中国政治上最混乱、社会上最苦痛的时代，然而却是精神史上极自由、极解放，最富于智慧、最浓于热情的一个时代。因此也是最富有艺术气质的一个时代。

魏晋文人有骨气，有个性，魏晋名士狂放不羁、率真洒脱，“魏晋风流”在中国历史上绝无仅有。他们放浪形骸，饮酒、清谈、服药，寄情于自然，热衷于文学、艺术，古琴无疑是他们最理想的乐器，从“建安七子”到“竹林七贤”，再到两晋的大批名士，他们琴书自娱，琴酒消忧，鸣琴山林，以琴交友，好琴爱琴蔚然成风。古琴在名士们的生活中占有十分重要的地位，成为“魏晋风度”“名士风流”的重要象征。

030 魏晋时期的古琴曲表达了魏晋名士怎样的内心世界

琴、酒、药、诗、文构成了魏晋士人完整的人格，人们称这一时期是中国历史上“人类觉醒”的时代。由于社会的动荡，现实的险恶，文人志士为求自保归隐山水之间，表面不拘礼法，但心中的抱负未减，内心的压抑和苦闷只能通过琴音、诗歌等来表达。《广陵散》的激昂与磅礴，《酒狂》的借酒佯狂，这些都是魏晋名士苦闷压抑的体现。

031 魏晋时期著名的古琴大家有哪些

魏晋时期最为著名的古琴大家是阮籍和嵇康，同时期的著名琴家还有杜夔、蔡琰、刘琨、左思、戴颙、宗炳、柳恽等。

032 魏晋时期著名的古琴曲有哪些

魏晋时期著名古琴曲有《广陵散》《酒狂》《梅花三弄》《碣石调·幽兰》《乌夜啼》等。

033 古曲《广陵散》的由来是怎样的

《广陵散》流行于东汉末到三国时期。曲名中，“广陵”即现在安徽寿县地区，“散”为操、引、曲的意思。据蔡邕《琴操》记载，战国时侠客聂政的父亲为韩王铸剑，因延误日期而惨遭杀害。为了替父亲报仇，聂政改变了自己的容貌和声音，隐居学琴，苦练十年，终成绝技，名扬韩国。韩王召他进宫演奏，聂政藏利刃于琴中进宫，最终刺杀了韩王，为父报仇，自己亦毁容自尽。后人根据这个故事，谱成琴曲《聂政刺韩王曲》，即《广陵散》。《广陵散》曲调慷慨激昂，气势宏伟，表达了被压迫者的反抗、斗争精神，为著名古琴大曲之一。

034 《广陵散》与嵇康有着怎样的故事

嵇康是三国时期魏国的著名思想家、音乐家、文学家，先为官而后隐居，为“竹林七贤”的精神领袖，倡导玄学，不到40岁就被司马昭处死。嵇康非常喜欢弹奏《广陵散》，临刑前索琴弹奏此曲，并慨然长叹：《广陵散》于今绝矣。这首音调激昂、气势磅礴的琴曲与彼时嵇康的心境极为吻合，堪称绝响。《广陵散》又名《广陵止息》，此曲因嵇康的弹奏而名扬天下，是一首极具代表性的大型古琴曲。现在弹奏的《广陵散》依据的是明朝曲谱。

035 魏晋时期有哪些著名的琴学著作

魏晋时期文人志士追求艺术化的人生，通过琴棋书画表达个人的见解和风格，此时期著名的琴学著作有嵇康的《琴赋》、谢庄的《琴论》、麹瞻的《琴声律图》、陈仲儒的《琴用指法》等。

036 现存最老的古琴文字谱是什么

《碣石调·幽兰》又名《倚兰》《倚兰操》《幽兰》，是至今为止保存下来的最古老的文字谱琴曲。相传是梁代琴家丘明所谱，收录在《神奇秘谱》中的是唐人的抄本，记谱年代大约为武则天时期（700年前后）。全谱共有汉字4954字，详细地记述了琴曲的演奏手法，如左、右手的指法、弦序、徽位等。这部曲谱现存日本，对研究古琴文化具有重要的意义。

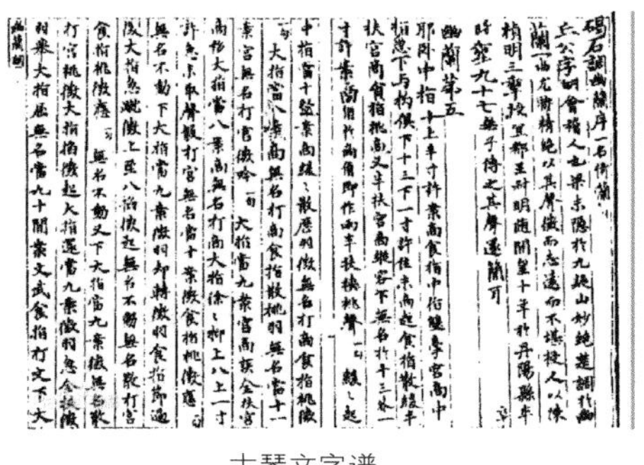

古琴文字谱

隋 唐

037 隋唐时期古琴是如何发展的

隋唐时期，西域音乐盛行，琵琶音乐兴起。因受外来乐器的影响，古琴音乐的发展受到一定的抑制。但古琴减字谱的产生，不仅推动了当时古琴音乐的传播，而且对后世古琴音乐的继承发展具有深远的历史意义，使中国古代音乐进入了一个具有音响可循的时期。

038 减字谱是怎样的曲谱

古琴的减字谱出现于唐代。减字谱的形成，使得唐代之后大量的古琴曲谱能够流传到今天。

文字谱记录极其繁琐，一个指法可能就需要几行的文字来表达，看起来非常的不方便。中唐时期，古琴大家曹柔发明了减字谱。减字谱继承了文字谱的思维轨迹，将文字描述中最重要的四个要素——哪根弦、哪个徽位、左手指法、右手指法，分别用汉字减少笔画的偏旁，重新组成一个方块字，形成了今天我们看到的古琴减字谱。

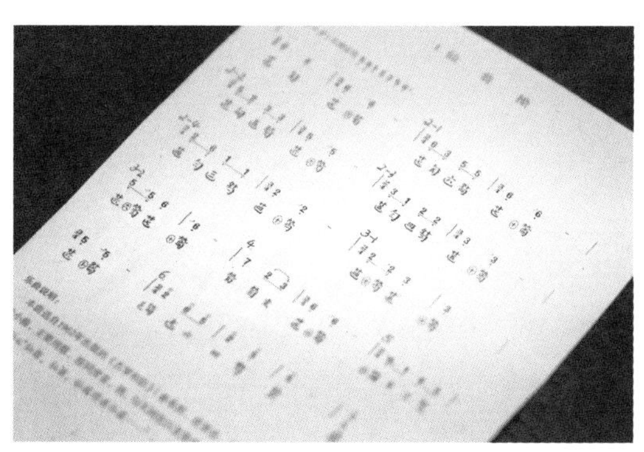

039 唐代古琴的特点是什么

唐琴，尤其是盛唐之琴造型肥而浑圆。现存的唐琴大部分在龙池、凤沼的面板上贴有两块小桐木，作为假纳音，直至明代初期，仍有制琴家采用这种方法。唐琴的断纹以蛇腹断为多，也有冰纹断、流水断等。

唐琴

唐琴 仲尼式“春雷秋籁”七弦琴

伏羲式七弦琴

唐琴 伶官式“谷应”七弦琴

唐琴上的断纹

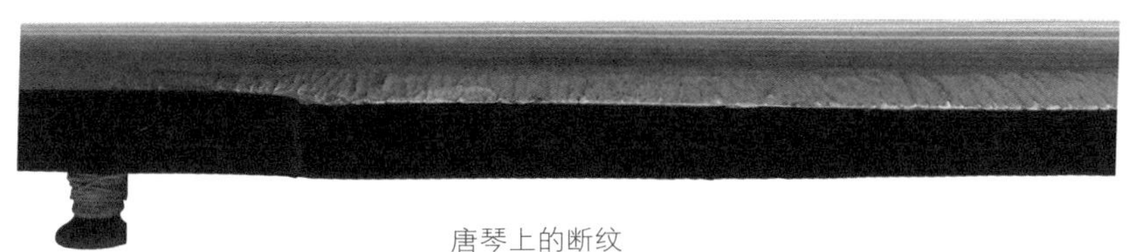

唐琴上的断纹

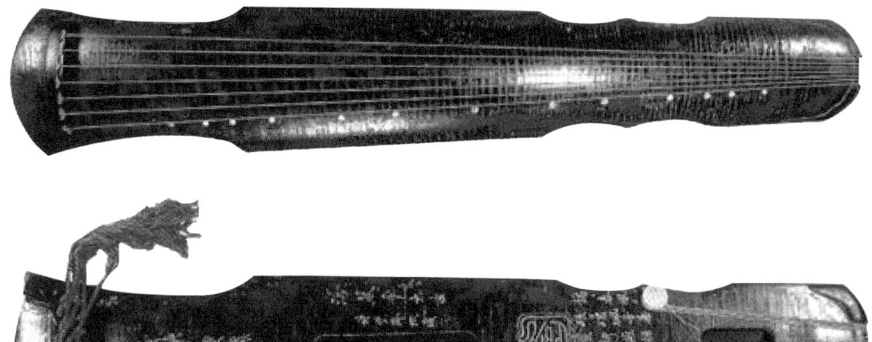

九霄环佩琴

040 现存的唐代古琴实物有哪些

琴名	琴式	收藏地	琴的特征
九霄环佩琴	伏羲式	故宫博物院	琴长124.0厘米，肩宽21.2厘米，尾宽15.4厘米，最厚5.8厘米；琴体阔大厚重，琴面浑厚呈半椭圆形，项与腰内收部位上下边皆经作圆处理，额下由轸池向上减薄斜出；肩在三徽偏下，腰上至八徽偏上、下至十一徽偏下，足在九徽与十徽中间偏上
九霄环佩琴	伏羲式	中国国家博物馆	琴长124.0厘米，肩宽23.0厘米，尾宽15.0厘米，最厚5.6厘米；琴体浑厚呈半椭圆形，项与腰两处作圆棱处理，额下由轸池向上减薄斜出；肩在三徽偏下，腰上至八徽偏上、下至十一徽，足在九徽与十徽中间
轻雷琴	伏羲式变体	中国艺术研究院音乐研究所	琴长118.6厘米，肩宽19.6厘米，尾宽14.5厘米，最厚5.8厘米；琴体扁中带圆，额较宽呈弧状；肩在三徽偏下，腰上至八徽偏下、下至十一徽偏下，足在九徽与十徽中间
九霄环佩琴	伏羲式	辽宁省博物馆	琴长122.0厘米，肩宽21.5厘米，尾宽15.6厘米，最厚4.4厘米；琴体浑厚，背面微凸；肩在三徽偏下，腰上至八徽偏上、下至十一徽偏下，足在九徽与十徽中间
春雷琴	伏羲式	旅顺博物馆	琴长123.2厘米，肩宽20.3厘米，尾宽14.0厘米；琴体扁中带圆，琴面部的弧度较圆；肩在三徽偏下，腰上至八徽偏上、下至十二徽偏下，足在九徽与十徽中间
大圣遗音琴	神农式	故宫博物院	琴长122.0厘米，肩宽20.1厘米，尾宽13.4厘米，最厚5.0厘米；琴面浑厚略呈半椭圆形，项与腰作圆棱处理，额下由轸池向上减薄斜出；肩在三徽偏下，足在九徽与十徽中间
独幽琴	灵机式	湖南省博物馆	琴长120.5厘米，肩宽20.0厘米，尾宽14.0厘米，最厚4.4厘米；琴面微弧，首作弧形，项斜收，近肩处内收成小弧形；肩在三徽与四徽中间，腰上至九徽、下至十徽偏上，足在九徽与十徽中间
雷氏造七弦琴	神农式	山西省博物馆	琴长119.5厘米，肩宽22.0厘米，尾宽13.6厘米，最厚5.4厘米；肩在三徽偏上，腰上至九徽偏下、下至十徽偏上，足在九徽与十徽中间
石涧敲冰琴	神农式	四川省博物馆	琴长122.7厘米，肩宽20.0厘米，尾宽15.0厘米，最厚5.8厘米；肩在三徽，腰上至九徽偏上、下至九徽偏下，足在九徽偏下
天响琴	响泉式	广州市博物馆	琴长126.7厘米，肩宽19.0厘米，尾宽13.4厘米，最厚5.2厘米；肩在二徽与三徽中间，腰上至八徽偏上、下至十一徽偏上，足在九徽与十徽中间
老龙吟琴	响泉式	高仲钧（藏）	琴长121.3厘米，肩宽21.0厘米，尾宽14.5厘米，最厚4.1厘米；项、腰边棱略带圆势；腰上至八徽偏上、下至十一徽偏下，足在九徽与十徽中间

琴名	琴式	收藏地	琴的特征
玉玲珑琴	凤势式	故宫博物院	琴长122.0厘米，额宽19.0厘米，肩宽19.6厘米，尾宽13.6厘米，最厚4.8厘米；琴面浑厚略呈半椭圆形，项与腰作圆棱处理，额下由轸池向上减薄斜出；肩在三徽偏下，腰上至八徽、下至十徽与十一徽中间，足在九徽与十徽中间
春雷琴	凤势式	上海博物馆	琴长121.3厘米，肩宽21.8厘米，尾宽16.0厘米，最厚5.5厘米；琴面浑厚作半椭圆形，体宽而扁，边沿圆润；肩在三徽偏下，腰上至八徽、下至十一徽偏上，足在九徽与十徽中间
飞泉琴	连珠式	故宫博物院	琴长121.6厘米，肩宽20.1厘米，尾宽14.4厘米，最厚5.5厘米；琴面弧度略呈抛物线形，额下无斜坡之象，底部项腰两处棱角做圆，肩项边棱转折处略见圆势；肩在三徽与四徽中间，腰上至八徽、下至十一徽，足在九徽与十徽中间
枯木龙吟琴	连珠式	中国艺术研究院音乐研究所	琴长121.6厘米，肩宽19.0厘米，尾宽13.7厘米，最厚5.9厘米；琴面弧度略呈弓形，项腰棱角无浑圆迹象，皆作圆棱；肩在四徽，腰上至八徽、下至十一徽偏下，足在九徽与十徽中间
天风海涛琴	仲尼式	山东省博物馆	琴长121.0厘米，肩宽19.5厘米，尾宽13.5厘米，最厚4.5厘米；肩在三徽，腰上至八徽、下至十一徽，足在九徽
来凰琴	仲尼式	浙江省博物馆	琴长120.4厘米，肩宽20.7厘米，尾宽13.5厘米，最厚5.6厘米；琴面漫圆肥厚，项与腰两处边沿做特殊处理；肩在二徽与三徽中间，腰上至八徽、下至十一徽偏下，足在九徽与十徽中间
春雷秋籁琴	仲尼式	浙江省博物馆	琴长117.1厘米，肩宽17.4厘米，尾宽12.0厘米，最厚5.2厘米；肩在二徽与三徽中间，腰上至八徽、下至十一徽，足在九徽与十徽中间偏下
秋鸿琴	仲尼式	浙江省博物馆	琴长109.3厘米，肩宽17.0厘米，尾宽11.8厘米，最厚5.3厘米；形体扁平、偏小；肩在三徽与四徽中间，腰上至八徽偏下、下至十一徽偏上，足在九徽与十徽中间
谷应琴	伶官式	浙江省博物馆	琴长124.5厘米，肩宽19.4厘米，尾宽13.7厘米，最厚5.6厘米；肩在三徽，腰在十徽，足在九徽与十徽中间
太古遗音琴	师旷式	中央音乐学院	琴长122.0厘米，腹径22.6厘米，尾宽14.0厘米，最厚5.5厘米；琴面呈弓形，岳山至一徽中间凸起如脊状，项、腰棱角无浑圆迹象，额下平整；足在九徽与十徽中间
宝袭琴	师旷式	山东省博物馆	琴长124.0厘米，肩宽22.0厘米，尾宽14.7厘米；琴面与边棱略带圆势；足在九徽与十徽中间
彩凤鸣岐琴	落霞式	浙江省博物馆	琴长124.8厘米，肩宽18.8厘米，尾宽12.5厘米，最厚5.4厘米；琴体浑厚，背面微圆；足在十徽偏上

041 唐代最著名的专业斫琴师有哪些

斫（zhuó）琴即古琴制作。古琴的制作工艺有着悠久的历史，唐代在制琴的工艺上取得了很大的成就，这一时期出现了专业的斫琴匠人，有自己的斫琴工坊，同时出售古琴。

唐代最为著名的斫琴师就是四川的雷氏家族（雷氏斫琴师有雷绍、雷霄、雷震、雷威、雷俨、雷文、雷珏、雷会、雷迅）以及江南的沈镣、张越等制琴名手。

042 隋唐有哪些著名的琴师

隋唐时著名的琴师有贺若弼、赵耶利、董庭兰、薛易简等。

043 唐代著名的“春雷”琴是什么样的

“唐琴第一推雷公，蜀中九雷独称雄”，唐琴之中，以雷公琴为最。蜀中九雷中，以雷威成就最高。而雷威一生所斫之琴中，又以“春雷”为最，所以“春雷”堪称古琴中的神品。

“春雷”为连珠式琴，长126.0厘米，高10.8厘米，肩宽22.1厘米，尾宽17.2厘米，形饱满，有唐琴之“圆”；黑漆面，具细密流水断纹。玉徽、玉轸、玉足，龙池圆形，凤沼长方形。琴底颈部刻“春雷”二字，行草书填绿。龙池左右分刻隶书铭：“其声沈以雄，其韵和以冲”“谁其识之出爨中”，钤印一，印文剥蚀。龙池下似曾存一大方印，但经漆补，隐晦不清。当代琴家试弹，称此琴音韵沉厚清越，兼得唐琴“松”“透”之美。

044 唐代喜欢琴的文人有哪些

唐代时的文人深受魏晋风度的影响，很多文人都非常喜爱古琴，并写了很多有关古琴的诗歌，李峤、李颀、李白、韩愈、白居易、张祜、柳宗元、元稹等，都为古琴写下了不朽的诗篇。李白的《月夜听卢子顺弹琴》：“闲坐夜明月，幽人弹素琴。忽闻悲风调，宛若寒松吟。白雪乱纤手，绿水清虚心。钟期久已没，世上无知音。”张祜的《听岳州徐员外弹琴》：“玉律潜符一古琴，哲人心见圣人心。尽日南风似遗意，九疑猿鸟满山吟。”这两首琴诗流传较广。

045 隋唐时期有哪些著名的琴学著作

唐代的琴学著作有隋末唐初赵耶利创作的《弹琴右手法》《弹琴手势图》等，唐玄宗时期的琴家薛易简的《琴诀》七篇，晚唐唐僖宗时期的琴家陈康士的《琴书正声》十卷、《琴调》十七卷、《琴谱记》一卷、《楚调》五章一卷和《离骚谱》一卷等。

046 唐代有哪些著名的琴曲

因减字谱的出现，在唐代重新修订完善了伯牙所作的《高山流水》，将此曲分为《高山》《流水》两首。另外也有新创琴曲出现，如著名的《阳关三叠》《风雷引》《昭君怨》《离骚》和《渔歌调》等。唐代乐器比较丰富，古琴与其他乐器音乐不断融合与借鉴，出现了一些由其他乐种曲谱改编成的琴曲，如颜师古将笛曲《梅花三弄》改编为古琴曲等。

宋 元

047 宋代古琴是如何发展的

宋代在古琴的发展史上是一个承上启下的重要时代。唐代因外来乐器的影响，古琴的发展受到一定冲击，到了宋代，文化发展至鼎盛时期，古琴迅速地恢复了音乐中的正统地位，成为最能体现宋代文人精神的乐器，琴学文化迅速发展。正是由于宋人对古琴文化的恢复与发展，才使我们中华民族这一古老的民族乐器传承至今。

048 北宋时期在古琴界有着重要地位的是哪个系统

北宋在琴界有着重要地位的是琴僧系统。之所以称他们为琴僧系统，是因为除了为首的朱文济是宫廷琴师之外，其后各代都是僧人，当时被尊为“大师”。

北宋　仲尼式七弦琴

049 古琴的流派传承是什么时期开始的

古琴是从宋代开始有明显的流派传承的。唐代出现了减字谱，但减字谱并没有记录琴曲的节奏，所以后人会在原谱的基础上融入自己的情感表达，在弹奏时具有独特的节拍和速度。所以，到了宋代，古琴产生了许多具有师承渊源、世代相传的古琴艺术流派。

050 宋代最著名的古琴大家是谁

在宋代众多琴家中，最具代表性的当属郭沔。他是南宋古琴演奏家、作曲家、教育家及浙派古琴的创始人。郭沔的代表作有《潇湘水云》《步月》《秋雨》等。郭沔以善琴知名于世，并和他的徒弟们在古琴文化的整理和创造上做出了杰出的贡献。郭沔曾整理过抗金名将韩侂胄的祖传古谱，后韩侂胄被杀害，郭沔深感愤懑难平。

当时朝廷偏安江南，祖国山河破碎，国事飘零，郭沔创作的代表作《潇湘水云》充满了思念故国的无限感慨之情，这首曲子也是郭沔作品中流传最广、影响最大的古曲之一。

051 现存最早的一部《琴史》写成于何时

宋代是文化的鼎盛时期，北宋的朱长文撰写了现存最早的一部《琴史》。《琴史》成书于公元1084年，内容按时代排序，共六卷，一至五卷以人记事，收集了从先秦到宋初156位琴人的琴事，按照史书列传的写法成书，并加入作者自己的议论。第六卷内容为《莹律》《释弦》《明度》《拟象》《论音》《审调》《声歌》《广制》《尽美》《志言》《叙史》，体现了作者的史学观和音乐美学思想。

052 宋代古琴的特点是什么

宋人制琴大多以桐木为面、梓木为底，灰胎（为使木质琴体耐磨损并保证音效，需在木上加胎，再上漆）以鹿角灰为主，到北宋晚期出现了八宝灰（即将金、银、珠翠、珊瑚等碾碎混入鹿角灰共用）的用法。北宋的古琴琴身扁平而长大，尺寸大于唐琴；而南宋古琴体形则逐渐扁平狭小，尤其是仲尼式古琴，呈耸而狭之状。

053 为什么说宋代印刷术的出现推动了古琴艺术的发展

宋代印刷术的出现大大推动了古琴音乐的发展。印刷术使琴谱得以刊印和流传，特别是明、清时期，大量琴谱得到刊刻流传，见于记载的琴谱有一百四十多种，从中可以发现，仅明代创作的琴曲就有三百多首。以后每个琴派都有代表性的琴谱刊行于世，这些琴谱包含着每个琴派的美学思想、音乐主张、指法特点等，并在千年的音乐文化中起到了非常重要的传播和承续作用。

054 为什么说宋代文人崇尚古琴艺术

宋代文人喜欢琴，而且通晓音律，他们所创作的宋词中也有很多描述古琴的词句。他们用古琴来陶冶情操，借琴音抒发内心的情感。即使不会弹琴，宋代文人家里也会收藏古琴。喜欢古琴的文人有范仲淹、欧阳修、苏轼、姜夔等。

055 现存最早的琴歌曲谱出现于何时

现存最早的琴歌曲谱是南宋文学家姜夔（号白石道人）创作的《白石道人歌曲》中的《古怨》和陈元靓编纂的《事林广记》中的《黄莺吟》。

琴歌即抚琴而歌，是古琴音乐主要表现方式之一。《诗经》中的作品大多是可以用琴、瑟伴奏歌唱的，《尚书》中“搏拊琴瑟以咏”、蔡邕《琴赋》中“感激弦歌，一低一昂”、嵇康《琴赋》中“拊弦安歌”等，都是对琴歌的描述。唐代也有很多诗词可为琴歌，如著名的琴歌《阳关三叠》，其歌词即王维的著名诗篇《送元二使安西》。

056 琴歌和弦歌的区别是什么

琴歌是指记载古琴谱中以古琴弹唱的形式演唱的歌曲；弦歌是指传世的，以弹弦类民族乐器（如瑟、阮、筝、琴等）伴奏的古代歌曲。

057 什么是“官琴”和“野斫”

宋代帝王好琴者甚多，在宫廷的倡导下，宋代朝野爱琴、藏琴成为时尚。因为古琴的需求量大，所以官府和民间均有大量古琴的斫制。自宋徽宗设官琴局后，古琴便有了“官琴”和“野斫”之分，官方制琴定式、规格一致，工艺水平较高，称“官琴”，其余民间制琴称为“野斫”。

058 为什么说宋徽宗赵佶嗜琴成癖

宋徽宗赵佶是一位文化素养很高的皇帝，他不但是书画行家，对古琴文化也有颇深的造诣。宋徽宗嗜琴成癖，邓椿的《画继》、汪柯玉的《珊瑚网书画跋》载：政和年间，宫中不仅有书画院，还设有琴院。徽宗将天下制琴的能工巧匠召至琴院，切磋技艺。他不但自己制琴、弹琴，还收藏天下好琴名琴，在宫中设立了“万琴堂”，广罗天下古琴神品并收藏其中。历史上著名的唐代雷威造“春雷琴”就收藏在“万琴堂”。赵佶还根据自己对古琴的理解，绘成《听琴图》。

059 古琴只在汉民族中流传吗

古琴是汉族最早的弹弦乐器，但古琴不仅仅在汉民族中流传，宋元时期，古琴还在契丹族、女真族、蒙古族的贵族、文人之间广为流传。

明 清

060 现存最早的一部琴谱集是哪一部

现存最早的一部琴谱是《神奇秘谱》，由明太祖朱元璋第十七子宁王朱权主持编撰，历时十二年完成，成书于1425年。

《神奇秘谱》分为三卷，上卷《太古神品》，收录十六首历史价值较高的“太古”琴谱，其谱式和章法都保存了更多的古代特征；中、下卷《霞外神品》，收录曲谱四十八种。“霞外”表示琴谱承袭宋代浙派的《紫霞洞琴谱》、元代浙派的《霞外琴谱》，为历史上声望最高的传谱。

《神奇秘谱》中保存的古代音乐作品史料价值甚高，它使不少已成绝响的古代名曲被发掘恢复，《广陵散》《梅花三弄》《高山流水》《大胡笳》《潇湘水云》等经典作品至今仍具有旺盛的生命力。

061 我国现存最早的琴论专集是什么

我国现存最早的琴论专集是《太音大全集》。据研究，《太音大全集》为宋代田芝翁所辑，原名《太古遗音》，共三卷，南宋杨祖云更名为《琴苑须知》，明代正统年间，袁均哲根据此版本为书作注释，于明永乐十一年编成《太音大全集》。

《太音大全集》全书共五卷，内容包括制琴工艺、演奏技法、记谱体系及音乐美学理论等。此书屡经增订翻刻，有多种版本传世。书中保存了不少早已散佚的唐宋琴书、琴谱等珍贵材料。

062 明代著名的宗室斫琴的四大名家是谁

明代著名的宗室斫琴四大名家是宁王、衡王、益王、潞王，四王之中潞王造琴最多。明代造琴之多可谓盛况空前，帝王、官宦、好琴者甚多，而且很多古琴大家自己也都会斫琴。所以明清时期流传下来的古琴非常之多。

063 明清时期著名的琴曲有哪些

明清时期著名的琴曲有《秋鸿》《平沙落雁》《渔樵问答》《良宵引》《水仙操》《鸥鹭忘机》《龙翔操》《梧叶舞秋风》等。由于印刷技术的日趋成熟，明清时期流传下来的古琴曲及古琴刊物最多，为古琴文化的研究保留了大量资料。

064 明清时期有哪些古琴大家

明、清时期著名琴人有冷谦、徐和仲、刘鸿、张用轸、朱权、庄臻凤、娄东、徐上瀛、张孔山、黄勉之、祝桐君、周庆云、杨宗稷等人。

明代《玉洞仙源图》

近、现、当代

065 近代有哪些著名的古琴大家

近代的古琴大家有管平湖、查阜西、吴景略、顾梅羹、张子谦、卫仲乐等。在古琴音乐濒于绝灭时，这些古琴大家坚持对古琴文化的传承，为古琴的发展开辟了新的前景。

066 古琴为何会被列入世界“人类口述和非物质遗产代表作”

2003年11月7日，古琴艺术被联合国教科文组织列入“人类口述和非物质遗产代表作”（又称无形遗产）。古琴是继昆曲之后，中国第二个入选的项目。

古琴是最古老、最纯粹的华夏本土乐器，历史悠久，从《诗经》的时代起，描绘古琴艺术的诗歌不胜枚举。古琴不仅是一种乐器，而且蕴含着丰厚的文化内涵和极高的审美价值，具有独特的艺术魅力。古琴音乐空灵的美感，含蓄、内在的神韵和意境，丰富的内涵，体现了中国音乐的博大精深。

古琴艺术追求意境美、人格美，蕴含着丰富的中国古代哲学思想和文化特征。古代的文人士大夫认为古琴能修身怡情、寄情抒怀、完善人格，因此视古琴为文人的标志之一。古琴文化是中华传统文化的组成部分，是中国文化的杰出代表。

067 古琴为何被列入国家级非物质文化遗产名录

2006年5月20日，经中华人民共和国国务院批准，古琴艺术被列入第一批国家级非物质文化遗产名录（“民间音乐”类）。

古琴是汉民族最早的弹弦乐器，是中华文化瑰宝。湖北曾侯乙墓出土的古琴实物有两千四百余年历史，唐宋以来历代都有古琴精品传世，留存的南北朝至清代的琴谱百余种，琴曲三千余首，并有大量琴家、琴论、制琴等文献，历代都有著名古琴演奏家，古琴文化代代传承直至现在。古琴艺术历史久远，文献浩瀚，内涵丰富，影响深远，成为西方人眼中东方文化的象征。

068 “地球之音”唱片中收录了哪首古琴曲

“地球之音”是1977年发射的旅行者1号、旅行者2号所携带的镀金铜制光盘。为寻找外星系文明，将地球人的信息和问候传递给外星人，“地球之音”光盘上录制了五六十种语言的问候语、地球自然界的各种声音、包括中国长城在内的一百余幅地球上的景观照片以及27首世界古今名曲。世界名曲中有一首长约7分钟的古琴曲，是由中国著名古琴大师管平湖先生演奏的《流水》，用以代表中国音乐之精粹。

069 2008年北京奥运会开幕式上弹奏的古琴曲是哪一首

2008年北京奥运会开幕式上，陈雷激先生演奏的古琴曲《太古遗音》给人们留下了深刻的印象。这首琴曲专为北京奥运会开幕式创作，演奏时使用的古琴为“师旷式”，也叫“月琴式”“单月式”，是由王鹏先生仿唐琴“太古遗音”所斫。

070 什么是“老八张”

所谓“老八张”，即根据1960年编创的珍贵古琴录音母带整理、出版发行的《中国音乐大全·古琴卷》，全集共八张光盘，古琴爱好者称为“老八张”。

1956年，查阜西先生率领由文化部、中国音乐家协会、中国艺术研究院音乐研究所共同组成的古琴调查组，遍访全国86位琴家，搜集、整理了大量琴学史料，留下了二百七十多首极其珍贵、不可复得的琴曲录音资料。1965—1978年，古琴唱片出版计划搁置，一直未能完成。直到1994年，中国艺术研究院音乐研究所与中国唱片总公司将过去编创的古琴唱片进行重新编辑，分批出版。

“老八张”是珍贵的音乐遗产，是有史以来第一次大规模搜集整理古琴资料的成果。老八张收录了广陵、虞山、泛川、九嶷、新浙、诸城、梅庵、淮阳、岭南等九大琴派，二十二位琴家的五十三首琴曲，堪称中国古琴音乐的珍宝。

071 为什么现在知道古琴的人不多

由于战乱和社会变革等原因，清末至新中国成立，全国能操琴者仅百余人。此外，古代教育以儒家为正宗，孔子主张“兴于诗，立于礼，成于乐”，“乐”为孔子推崇的“六艺”之一。而现代教育教学中对传统的“乐”的知识传授较少，学生鲜有机会了解古琴，因此知道古琴的人非常少。

随着传统文化的复兴，很多中、小学学校增加了传统文化兴趣课程，学校以外也有很多机构传播古琴文化，教授古琴课程，所以知道古琴的人已经越来越多了。

（二）古琴曲

072 古琴十大名曲是哪些

古琴十大名曲有多个版本，综合古琴传统曲目的历史地位、艺术价值、知名度等，以下曲目可为古琴名曲参考：

①《广陵散》

②《流水》

③《幽兰》

④《梅花三弄》

⑤《平沙落雁》

⑥《胡笳十八拍》

⑦《潇湘水云》

⑧《渔樵问答》

⑨《阳关三叠》

⑩《醉渔唱晚》

073 《梅花三弄》是怎样的一首古琴曲

《梅花三弄》又名《梅花引》《梅花曲》《玉妃引》，简称“三弄”，相传为东晋桓伊所作的一首笛曲，曾为王羲之之子王徽之吹奏。后来《梅花三弄》被改编成古琴曲、古筝曲、琵琶曲等，原本的笛曲乐谱却没有流传下来。

《梅花三弄》这首琴曲赞颂梅花高洁、芬芳、不畏严寒、傲霜斗雪的品格，并借花抒怀、借花喻人，表达对与梅花有同样美好品格的人的赞美。“三弄”二字因乐曲主题在不同徽位的泛音上重复弹奏三次而来。

074 《幽兰》是怎样一首古琴曲

《幽兰》又称《碣石调·幽兰》《倚兰操》《猗兰操》。相传，春秋时期，孔子周游列国，希望得到施展政治抱负的机会，但始终没有得到认可和重用。在一次返乡途中，孔子经过一个盛开着兰花的幽谷，他驻足感慨，兰花本是香花之王，如今却与野草共生，内心因此被深深触动，深感怀才不遇、生不逢时，于是抚琴，创作了《幽兰》以寄托思绪。

075 《高山》《流水》是怎样的古琴曲

明代朱权主编的《神奇秘谱》中《高山》《流水》的题解记载：《高山》《流水》二曲本只一曲。初，志在乎高山，言仁者乐山之意。后，志在乎流水，言智者乐水之意。至唐分为两曲，不分段数，至宋分《高山》为四段，《流水》为八段。

可见，《神奇秘谱》的编撰者认为《高山流水》原本一曲，后来才分为两首曲。

《列子·汤问》中有一段文字，尽管版本不同，但表达的意思基本一致，大致内容为：

伯牙擅弹琴，钟子期擅听琴。伯牙弹琴的时候心里想到高山，钟子期听了赞叹道：好啊！就好像巍峨的泰山屹立在我的眼前！伯牙心里想到流水，钟子期听了说：好啊！我好像看到浩浩汤汤的大河！钟子期每次都能准确地说出伯牙弹琴时心中所想。后来钟子期去世了，伯牙觉得世上再无知音。于是，他“破琴绝弦，终身不复鼓”。这段文字的内容也印证了《神奇秘谱》中的观点。

076 《平沙落雁》是怎样一首古琴曲

《平沙落雁》又名《雁落平沙》。“平沙落雁”为宋代沈括《梦溪笔谈·书画》中所描述的“潇湘八景”之一，位于今湖南衡阳市回雁峰。

《平沙落雁》最早刊于明代琴谱集《古音正宗》。自问世以来，有多种流派传谱，刊载的谱集达五十多种。《平沙落雁》曲调悠扬流畅，描绘了秋江上恬静而苍茫的黄昏暮色，加上时隐时现、往来盘旋在空中的雁群的鸣叫声，苍茫恬淡而又生趣盎然，“盖取其秋高气爽，风静沙平，云程万里，天际飞鸣。借鸿鹄之远志，写逸士之心胸也”（《古音正宗》）。

077 《阳关三叠》是怎样一首古琴曲

《阳关三叠》又名《阳关曲》《渭城曲》，是根据唐代诗人、音乐家王维的七言绝句《送元二使安西》谱写的一首著名的琴曲。最早载有《阳关三叠》琴歌的是明代弘治四年（1491年）刊印的《浙音释字琴谱》，而流行的曲谱原载于明代《发明琴谱》（1530年），后经改编载录于清代张鹤所编的《琴学入门》（1876年）。《阳关三叠》曲调悠扬，情深意切，表达了亲友相别的依依不舍之情。现在，《阳关三叠》常作为茶会、雅集、聚会上的结束曲目，以表达对此次相聚后分别的不舍，期待再次相聚。

抚琴

078 《酒狂》是怎样一首古琴曲

此曲最早出自明代《神奇秘谱》，相传为魏晋时期的阮籍所作。《神奇秘谱》中说：藉叹道之不行，与时不合，故忘世虑于形骸之外，托兴于酗酒以乐终身之志，其趣也若是。岂真嗜于酒耶？有道存焉！妙妙于其中，故不为俗子道，达者得之。

阮籍为“竹林七贤”之一，曾任朝廷官员。他本有济世之志，但无奈朝内动荡，政局险恶，阮籍深感与时不合，便明哲保身，隐居起来，弹琴吟诗，乐酒忘忧，奉老庄之学，谨慎避祸。《酒狂》以酒醉佯狂的外形，宣泄内心积郁难平的悲愤，是一首含蓄、深刻的优秀古琴曲目。

079 伯牙与钟子期“高山流水”的典故是怎样的

相传，战国时的音乐家伯牙从小酷爱音乐，他的老师成连曾带着他到东海蓬莱山，领略大自然的壮美神奇，激发弹琴的灵感。学成后，人人都赞美伯牙的琴艺高绝，但他始终认为没有遇到真正能够听懂他琴声的人。

有一年，伯牙奉命出使楚国，恰逢八月十五，他途经一座小山，当晚云开月出，景色宜人，望着空中明月，伯牙琴兴大发，席地而坐，忘我地弹起古琴。弹了很久，他发现有人听琴——他就是打柴晚归的樵夫钟子期。伯牙与钟子期谈论古琴，甚是相得，伯牙弹的孔子赞颜回、高山的气势、水流的宽广，钟子期都能相知。伯牙惊喜万分，他认为终于找到了知音。两人相见恨晚，把酒畅谈，相约来年此时再到此地相聚。

第二年，伯牙赴约而来，钟子期却迟迟未至。询问后才知道钟子期已故，临终前，他留下遗言，要把坟墓修在江边，到八月十五相会时可以听伯牙弹琴。伯牙万分悲痛，来到钟子期的坟前，弹起了《高山流水》。弹罢，他挑断了琴弦，摔碎瑶琴，感叹自己唯一的知音已经不在了，这琴弹给谁听呢！于是从此不再弹琴。

“知音”的故事流传千古，后来冯梦龙以此写成了《俞伯牙摔琴谢知音》（《警世通言》），使得这一千古知音的故事流传更广。

（三）古琴故事和诗词

080 成语“阳春白雪”“下里巴人”是怎么来的

战国时，宋玉在其自我辩解的《对楚王问》中说：客有歌于郢中者，其始曰《下里》《巴人》，国中属而和者数千人……其为《阳春》《白雪》，国中属而和者不过数人而已，是其曲弥高，其和弥寡……

《阳春白雪》是春秋时期晋国的师旷所作的一首古琴曲。《神奇秘谱》在解题中说：《阳春》取万物知春，和风淡荡之意；《白雪》取凛然清洁，雪竹琳琅之音。《阳春》和《白雪》在战国时代成为楚国的高雅乐曲，后来泛指高深的、非通俗的文学艺术。

《下里》《巴人》则为春秋战国时期楚国民间的流行歌曲。现在长用来比喻通俗的文学艺术。

081 成语“得心应手”的典故与古琴有什么关系

“得心应手”这个成语源于《列子·汤问》第十部分，故事是这样的：

古时有“匏巴鼓琴而鸟舞鱼跃”的说法，郑国的师文听说后，就找到与匏巴齐名的琴师师襄（古之善鼓琴者有匏巴、师文、师襄），拜师襄为师学琴。师文学了三年，却无法弹奏完整的琴曲。师襄无奈地说：“你还是回去吧！”师文放下琴，叹息道：“我不是不会弹弦，也不是不能弹成曲，我所存念的不在琴弦，我所向往的不在声乐，我对内不能把握自己的心，对外不能使心与琴相合，所以我不敢放手弹琴（内不得于心，外不应于器，故不敢发手而动弦——不能得心应手）。请老师再给我一些时间，之后再看看。”

后来师文又去拜见师襄，对师襄说：“我已经得心应手了（得之矣），让我试着弹给您听！”于是，正当春天时，师文拨动了与秋天相应的金音的商弦，弹奏出代表金秋八月的南吕乐律，忽然刮来凉爽的秋风，草木都结出了果实。面对秋色，他拨动了与春天相对应的木音角弦，弹奏出代表初春二月的夹钟乐律，温暖的春风徐徐回荡，绿树青草葱郁萌发。正当夏日，他又拨动与冬天相应的水音羽弦，奏出代表十一月的黄钟乐律，霜雪交加，河水冻结。在一派冬天的景象中，他拨动与夏天相应的火音徵弦，奏出代表五月的蕤宾乐律，烈日当空，坚冰融化。乐曲将终，他换用宫调来总括四弦，顿时祥和之风徐徐回翔，云气冉冉浮现，甘露从天降下，甜美的泉水涌出。

师襄高兴得手舞足蹈，说：“你的演奏太精妙啦！即使是师旷弹奏的清角之曲，邹衍吹出的笙管乐律，也比不过你。他们都将要挟着琴瑟、拿着笙管来做你的学生了。”

“得心应手”这个成语由此而来。现在，这个成语用以比喻技艺纯熟、心手相应。这个成语典故足以体现音乐的力量。

082 孔子学琴的故事是怎样的

孔子是春秋时期著名的思想家和教育家，也是位音乐家，他是儒家学派创始人，被后世尊为至圣先师、万世师表。他的言行思想被弟子记录在《论语》一书里。孔子学琴的故事在《史记·孔子世家》和《孔子家语·辩乐解》里都有记载。

《史记·孔子世家》里记载，孔子跟师襄学琴，十天仍没学习新的琴曲，师襄对孔子说："你可以学习新的琴曲。"孔子回答："不行，我已经熟悉乐曲了，但还没掌握它的弹奏技巧。"过了一段时间，师襄对孔子说："你现在已经掌握了这首曲子的弹奏技巧，可以学新曲了。"孔子说："我还没有体会到这首曲的意境。"又过了一段时间，师襄说："你已经体会到它的意境，这回可以学新曲了。"孔子说："我还不了解这首琴曲的作者。"又过了一段时间，孔子神色肃然，若有所思，时而怡然高望，志意深远。孔子说："我知道这首琴曲的作者是谁了。这个人皮肤黝黑，身材修长，志向高远，像个统治四方的王，如果不是周文王谁能做这首琴曲呢！"师襄子听后马上站起来，一边向孔子行礼一边说道："老师教我这首琴曲时就说这首曲是《文王操》。"

从这个故事，我们可以领悟到，学习古琴不在于快，不在于多，而在于精，在于不断深入学习琴曲，不断琢磨，反复学习，把一首琴曲学精学透，让自己完全融入琴曲中。这恰巧是我们大多数人学习古琴时中所缺少的毅力。

083 一曲《凤求凰》成全了哪一对才子佳人

《凤求凰》是西汉辞赋家司马相如追求卓文君的琴曲。

西汉初年，蜀郡临邛富商卓王孙有一个女儿名叫卓文君，有才、有貌，通诗词歌赋，晓音律，善抚琴，但婚后半年就守寡，回到娘家寡居。当时无家无业的司马相如应好友临邛县令王吉之邀，客居临邛。经王吉的引荐，司马相如结识了卓王孙，到卓王孙家做客。酒宴间，宾主尽欢，王吉请司马相如弹琴。盛情难却，司马相如想起令自己思慕的才女卓文君，于是取出他的“绿绮”琴，凝神静气，边抚琴边唱歌，一曲《凤求凰》令在座者如痴如醉，也令通晓音律的卓文君芳心暗许。因而有了卓文君连夜私奔，与司马相如当垆卖酒的后话。

084 司马相如的《凤求凰》是怎样的

司马相如通过《凤求凰》向卓文君表达思慕之情，全文为：

有一美人兮，见之不忘。一日不见兮，思之如狂。
凤飞翱翔兮，四海求凰。无奈佳人兮，不在东墙。
将琴代语兮，聊写衷肠。何日见许兮，慰我彷徨。
愿言配德兮，携手相将。不得於飞兮，使我沦亡。
凤兮凤兮归故乡，遨游四海求其凰。
时未遇兮无所将，何悟今兮升斯堂！
有艳淑女在闺房，室迩人遐毒我肠。
何缘交颈为鸳鸯，胡颉颃兮共翱翔！
凰兮凰兮从我栖，得托孳尾永为妃。
交情通意心和谐，中夜相从知者谁？
双翼俱起翻高飞，无感我思使余悲。

085 曹操的《秋胡行　其一》中咏琴的是哪几句

曹操的《秋胡行　其一》中咏琴词句是前面这几句：

晨上散关山，此道当何难！
晨上散关山，此道当何难！
牛顿不起，车堕谷间。
坐盘石之上，弹五弦之琴。
作为清角韵，意中迷烦。
歌以言志，晨上散关山。

086 王昌龄著名的咏琴诗是哪一首

王昌龄著名的咏琴诗为：

《琴》

孤桐秘虚鸣，朴素传幽真。
仿佛弦指外，遂见初古人。
意远风雪苦，时来江山春。
高宴未终曲，谁能辨经纶。

087 王维著名的咏琴诗有哪些

王维著名的咏琴诗有：

《竹里馆》

独坐幽篁里，弹琴复长啸。
深林人不知，明月来相照。

《酬张少府》

晚年惟好静，万事不关心。
自顾无长策，空知返旧林。
松风吹解带，山月照弹琴。
君问穷通理，渔歌入浦深。

088 李白著名的咏琴诗有哪些

李白著名的咏琴诗有：

《听蜀僧濬弹琴》

蜀僧抱绿绮，西下峨眉峰。
为我一挥手，如听万壑松。
客心洗流水，馀响入霜钟。
不觉碧山暮，秋云暗几重。

《月夜听卢子顺弹琴》

闲坐夜明月，幽人弹素琴。
忽闻悲风调，宛若寒松吟。
白雪乱纤手，绿水清虚心。
钟期久已没，世上无知音。

089 常建著名的咏琴诗是哪一首

常建著名的咏琴诗是：

《江上琴兴》

江上调玉琴，一弦清一心。

泠泠七弦遍，万木澄幽阴。

能使江月白，又令江水深。

始知梧桐枝，可以徽黄金。

090 白居易著名的咏琴诗有哪些

白居易著名的咏琴诗有：

《琴茶》

兀兀寄形群动内，陶陶任性一生间。

自抛官后春多醉，不读书来老更闲。

琴里知闻唯渌水，茶中故旧是蒙山。

穷通行止长相伴，谁道吾今无往还？

《池窗》

池晚莲芳谢，窗秋竹意深。

更无人作伴，唯对一张琴。

《船夜援琴》

鸟栖鱼不动，夜月照江深。

身外都无事，舟中只有琴。

七弦为益友，两耳是知音。

心静声即淡，其间无古今。

《东院》

松下轩廊竹下房，暖檐晴日满绳床。
净名居士经三卷，荣启先生琴一张。
老去齿衰嫌橘醋，病来肺渴觉茶香。
有时闲酌无人伴，独自腾腾入醉乡。

《废琴》

丝桐合为琴，中有太古音。
古声澹无味，不称今人情。
玉徽光彩灭，朱弦尘土生。
废弃来已久，遗音尚泠泠。
不辞为君弹，纵弹人不听。
何物使之然，羌笛与秦筝。

《听幽兰》

琴中古曲是幽兰，为我殷勤更弄看。
欲得身心俱静好，自弹不及听人弹。

《听弹古渌水》

闻君古渌水，使我心和平。

欲识漫流意，为听疏泛声。

西窗竹阴下，竟日有余清。

《清夜琴兴》

月出鸟栖尽，寂然坐空林。

是时心境闲，可以弹素琴。

清泠由木性，恬澹随人心。

心积和平气，木应正始音。

响余群动息，曲罢秋夜深。

正声感元化，天地清沉沉。

091 柳宗元著名的咏琴诗是哪首

柳宗元著名的咏琴诗为：

《李西川荐琴石》

远师驺忌鼓鸣琴，去和南风惬舜心。

从此他山千古重，殷勤曾是奉徽音。

092 元稹著名的咏琴诗是哪首

元稹著名的咏琴诗为：

《黄草峡听柔之琴二首》

胡笳夜奏塞声寒，是我乡音听渐难。

料得小来辛苦学，又因知向峡中弹。

别鹤凄清觉露寒，离声渐咽命雏难。

怜君伴我涪州宿，犹有心情彻夜弹。

093 张祜著名的咏琴诗是哪首

张祜著名的咏琴诗为：

《听岳州徐员外弹琴》

玉律潜符一古琴，哲人心见圣人心。

尽日南风似遗意，九疑猿鸟满山吟。

094 卢仝咏琴的诗是哪首

卢仝著名的咏琴诗为：

《风中琴》

五音六律十三徽，龙吟鹤响思庖羲。

一弹流水一弹月，水月风生松树枝。

095 苏轼著名的咏琴诗词有哪些

苏轼著名的咏琴诗有：

《琴诗》

若言琴上有琴声，放在匣中何不鸣？

若言声在指头上，何不于君指上听？

《破琴》

破琴虽未修，中有琴意足。

谁云十三弦，音节如佩玉。

新琴空高张，丝声不附木。

宛然七弦筝，动与世好逐。

陋矣房次律，因循堕流俗。

悬知董庭兰，不识无弦曲。

《行香子·述怀》

清夜无尘，月色如银。

酒斟时，须满十分。

浮名浮利，虚苦劳神。

叹隙中驹，石中火，梦中身。

虽抱文章，开口谁亲。

且陶陶，乐尽天真。

几时归去，作个闲人。

对一张琴，一壶酒，一溪云。

096 王安石著名的咏琴诗是哪一首

王安石著名的咏琴诗为：

《孤桐》

天质自森森，孤高几百寻。

凌霄不屈己，得地本虚心。

岁老根弥壮，阳骄叶更阴。

明时思解愠，愿斫五弦琴。

097 黄庭坚著名的咏琴诗词有哪些

黄庭坚著名的咏琴诗词有：

《次韵无咎阎子常携琴八村》

士寒饿，古犹今，向来亦有子桑琴。

倚楹啸歌非寓淫，伯牙山高水深深，万世丘垄一知音。

阎君七弦抱幽独，晁子为之梁父吟。

天寒终纬悲向壁，秋高风露声入林。

冷丝枯木拂珠网，十指乃能写人心。

村村击鼓如鸣鼍，豆田见角谷成螺。

岁丰寒士亦把酒，满眼饤饾梨枣多。

晁家公子屡经过，笑谈与世殊臼科。

文章落落映晁董，诗句往往妙阴何。

阎夫子，勿谓知人难，使琴抑怨久不和。

明光昼开九门肃，不令高才牛下歌。

明代文徵明《猗兰室图》局部

《西禅听戴道士弹琴》

灵宫苍烟荫老柏，风吹霜空月生魄。
群鸟得巢寒夜静，市井收声虚室白。
少年抱琴为予来，乃是天台桃源未归客。
危冠匡坐如无傍，弄弦铿铿灯烛光。
谁言伯牙绝弦钟期死，泰山峨峨水汤汤。
春天百鸟语撩乱，风荡杨花无畔岸。
微雾愁猿抱山木，玄冬孤鸿度云汉。
斧斤丁丁空谷樵，幽泉落涧夜萧萧。
十二峰前巫峡雨，七八月后钱塘潮。
孝子流离在中野，羁臣归来哭亡社。
空床思妇感蟏蛸，暮年遗老依桑柘。
人言此曲不堪听，我怜酷解写人情。
悲歌浩叹弦欲断，翻作恬淡雍容声。
五弦横坐岩廊静，薰风南天厚民性。
人言帝力何有哉，凤凰麒麟舞虞咏。
我思五代如探汤，真人指挥定四方。
昭陵仁心及虫蚁，百蛮九译觇天光。
极知功高乐未称，谁能持此献乐正。
贱臣疏远安敢言，且欲空江寒滩静。
渔艇幽人知我心悠哉，更作严陵在钓台。
吾知之矣师且止，安得长竿入手来。

098 李清照著名的咏琴词是哪首

李清照著名的咏琴词为：

《浣溪沙》

小院闲窗春已深，重帘未卷影沈沈，倚楼无语理瑶琴。

远岫出山催薄暮，细风吹雨弄轻阴，梨花欲谢恐难禁。

明代丁玉川《独坐弹琴图》局部

余音袅袅，现代人的古琴之爱

“乐”为孔子推崇的“六艺”之一。

随着传统文化的复兴，

人们对传统文化兴趣渐浓，

古琴重新回到现代人的视野中，古琴爱好者越来越多。

（一）古琴

099 古琴的“九德”指的是什么

《太音大全集》中说，古琴有九德，为“奇、古、透、静、润、圆、清、匀、芳”。

一曰“奇”。谓轻松脆滑者，乃可称奇。盖轻者，其材轻快；松者，声音透彻，久年之材也；脆者，性紧而木声清长，裂纹断断，老桐之材也；滑者，质泽声润，近水之材也。

二曰“古”。谓淳淡中有金石韵，盖缘桐之所产，得地而然也。有淳淡声而无金石韵，则近乎浊；有金石韵而无淳淡声，则止乎清；二者备，乃谓之“古”。

三曰“透”。谓岁月绵远，胶漆干匮，发越响亮而不咽塞。

四曰“静”。谓无觊飒，以乱正声。

五曰“润”。谓发声不燥，韵长不绝，清远可爱。

六曰“圆”。谓声韵浑然而不破散。

七曰“清”。谓发声犹风铎。

八曰“匀”。谓七弦俱清圆，而无三实四虚之病。

九曰“芳”。谓愈弹而声愈出，而无弹久声乏之病。

琴的音色有的细腻委婉，有的丰厚宽宏，有的松透圆润，有的深沉苍古，音色各有不同特色。一张琴能具备“九德”中的三四个特点就算一张好琴，习琴者依自己喜好选择即可，具备“九德”的古琴可遇不可求。

100 古琴有多少种样式

明初袁钧哲的《太音大全集》中绘有古琴样式图三十八种，是我国最早关于古琴样式的文字记载。清代《五知斋琴谱》中所绘的古琴样式有五十一种。最常见的古琴样式有伏羲式、仲尼式、连珠式、落霞式、蕉叶式、绿绮式等。

101 古琴琴式如何命名

古琴样式的命名主要根据以下几种情况：

① 为纪念先贤，以古代的圣者命名，如：伏羲式、神农式、仲尼式；

② 与著名的琴人相关，如：师旷式、师襄式、绿绮式、连珠式；

③ 以自然之景、物命名，如：混沌式、蕉叶式、落霞式、双月式等。

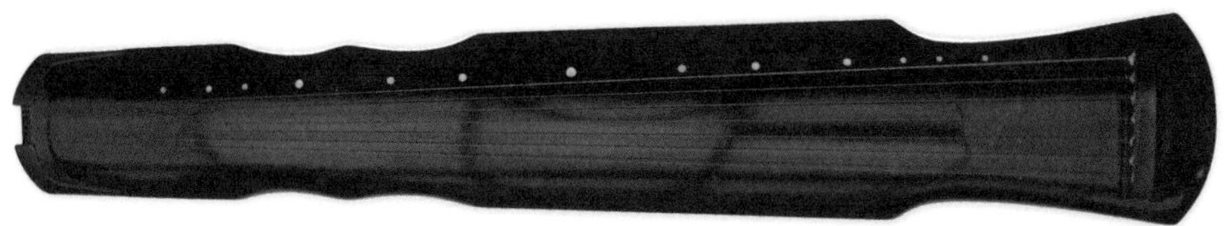

伏羲式

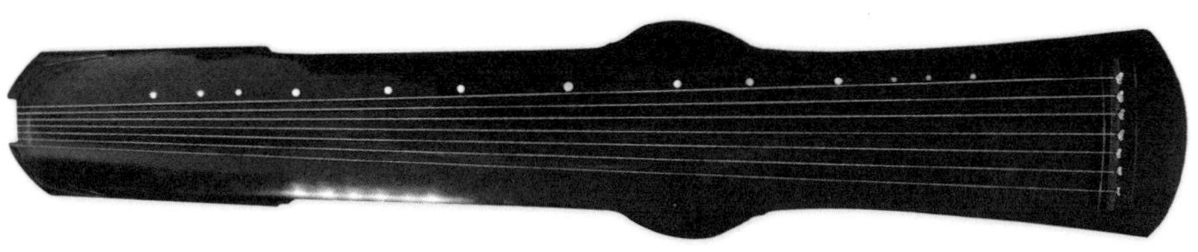

师旷式

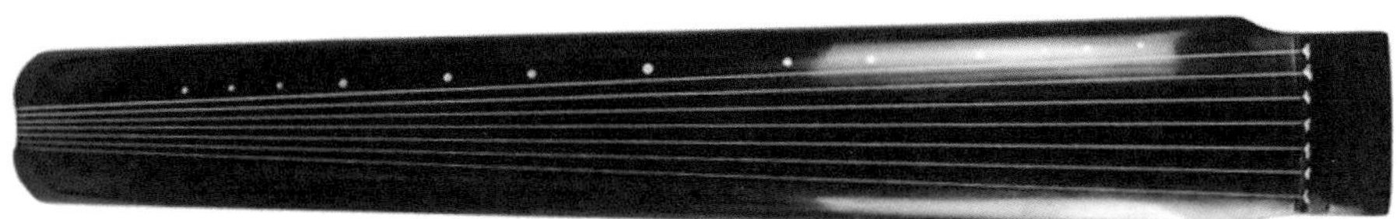

绿绮式

连珠式

混沌式

蕉叶式

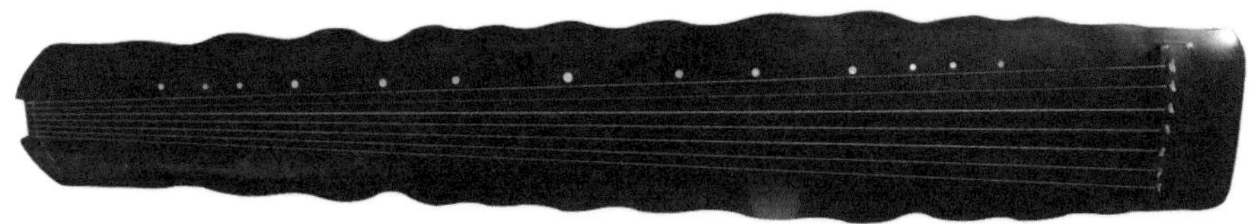
落霞式

102 古琴的结构特点是什么

古琴由琴面和底板结合而成，琴面有七根弦，琴弦一边经过岳山拴在琴轸的绒扣上，一边经过焦尾拴在雁足上，属于弹拨乐器中的“无码乐器”。

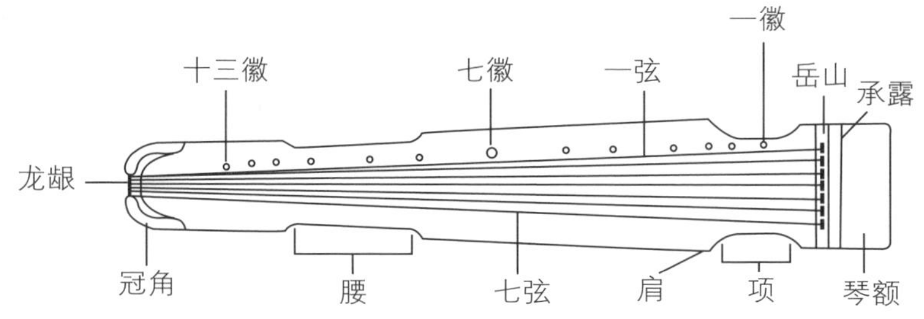

古琴正面结构图

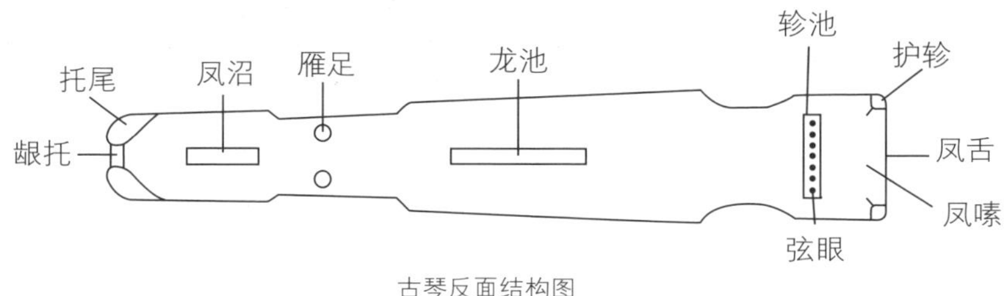

古琴反面结构图

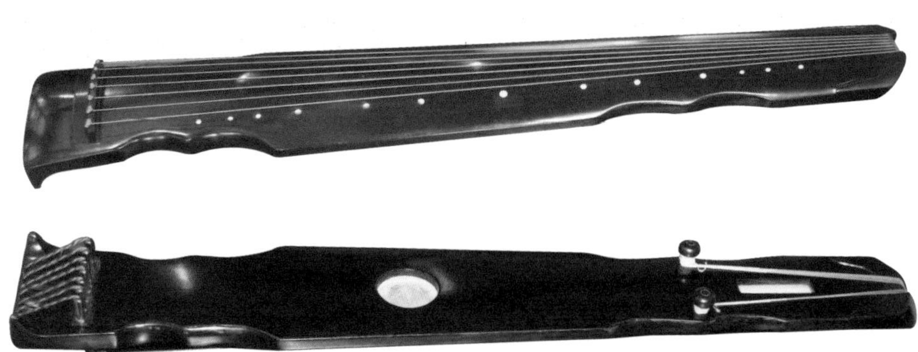

古琴的正面与反面

103 制作古琴在选材上有何讲究

宋代朱长文《琴史》中记载，古琴有四美：一曰良质，二曰善斫，三曰妙指，四曰正心。其中“良质”指的就是优秀的材质，被放在第一位，可见好的材料对制作古琴是至关重要的。制作古琴的材质讲究轻、松、脆、滑。《太古遗音》中对古琴良材的描述为“举则轻，击则松，折则脆，抚则滑”。

104 琴面和琴底应使用什么木材

斫琴的木材一般讲究选用老木。首先，琴人弹老木制的琴不易有火气；其次，与新木材相比，老木不易变形、开裂，木性相对比较稳定。面板适合选择纹理顺直的材质。

经过古人反复实践发现，桐木的纹理顺直，性能稳定，不易变形，发声效果好，是制作琴面的良材；而琴底的材质要比琴面木质坚硬，梓木纹理细密坚硬，能抑制琴声散漫，使琴音在槽腹内回旋，适合制作琴底。所以就有“桐梓合鸣”“面桐底梓”的说法。古琴也有琴底和琴面用同一种木材制作的。制作古琴的木材除桐木、梓木外，杉木、松木、涩木等都可以制作古琴。

准备斫琴的杉木

初制的琴底板

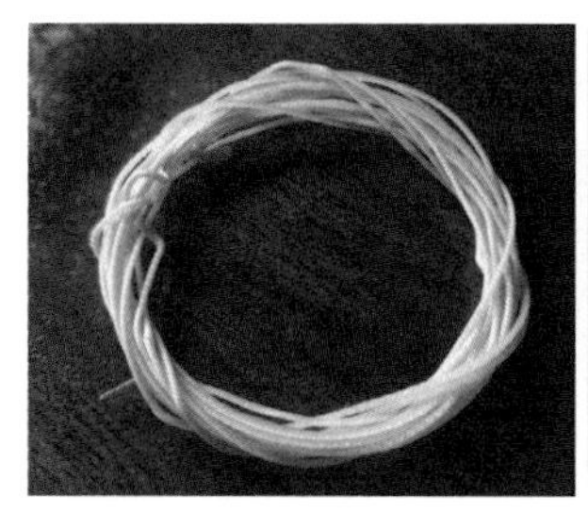
丝弦

冰弦

钢弦

105 常用的琴弦有哪几种

常见的琴弦有丝弦、冰弦和钢弦，现在大家一般多选用钢线和冰弦。

① 钢弦。钢弦是在钢丝外面缠上尼龙线制作而成，音色清脆、音高稳定，好打理又耐用。现在最为常见。

② 冰弦。冰弦是一种以人造纤维为原料制作的琴弦，比钢弦软，比传统丝弦硬，比较耐用，音色介于丝弦和钢弦之间。

③ 丝弦。现在比较少见。丝弦的音色更有韵味，但是比较难打理。

106 古琴的岳山、龙龈和焦尾应使用什么材料

硬木材质坚硬，适合制作古琴的岳山、龙龈和焦尾，常用的硬木有红木、花梨、枣木、紫檀等，也有使用玉石、象牙等材质的。因为岳山和龙龈部位属于承弦部位，需要保持一定的硬度与韧度以承受琴弦的拉力，并把这种拉力均匀分布于琴体，承弦部位材质坚硬，声音传导中损耗较少，并可更好地与琴体产生共鸣。

岳山

焦尾、龙龈

107 古琴的琴轸和雁足应用什么材料制作

古琴的琴轸和雁足需使用坚硬的材质，历代古琴有用象牙、玉石、紫檀木、红木、景泰蓝、花梨等材质制作，现在常见的是使用红木制成的琴轸和雁足。

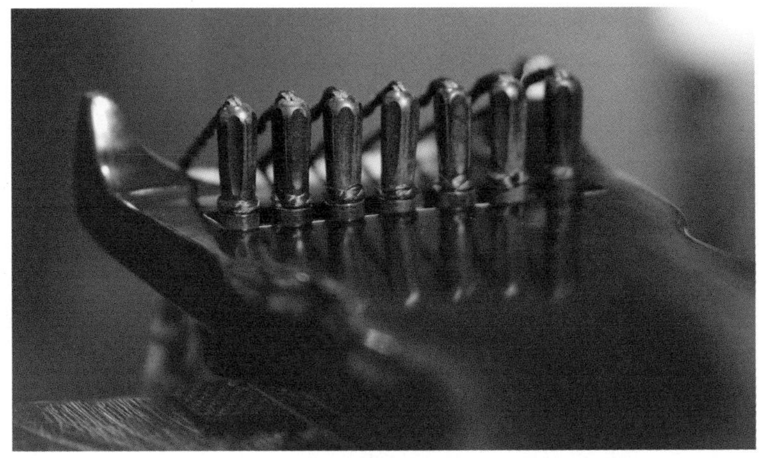

琴轸

雁足

108 制作古琴为何叫“斫琴”

斫琴专指古琴制作。斫是砍、削之意，斫琴为斫琴师按照专业要求，精工细作地制作古琴，使古琴体现音色、外形之美。古人最早是用斧刀砍木制琴，所以把制琴称为“斫琴”，并一直延续至今。

斫琴

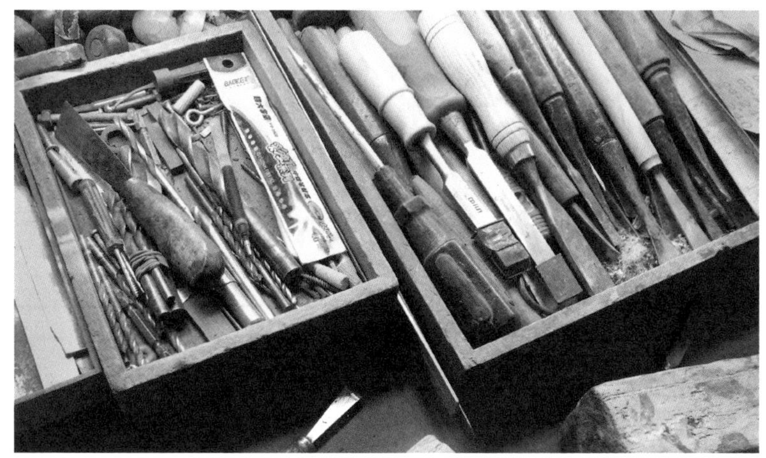

斫琴工具

109 古琴的徽位一般选用什么材料

古琴徽位选用金、银、玉、瓷、石决明、孔雀石、螺钿（蚌）等材料制作，目前以使用螺钿居多。

110 何为“大漆”

大漆又名天然漆、生漆、土漆、国漆。大漆采自漆树，是从漆树上割取韧皮内的一种白色黏性乳液，经过加工而制成的涂料。天然大漆是我国的土特产之一，故又称中国漆。《诗经》中有：“椅桐梓漆，爰伐琴瑟”，其中的“漆”指的就是大漆。大漆未干时对人的皮肤、眼睛有刺激，干燥后无毒，具有隔湿、耐磨、耐酸、耐腐等特点。用大漆制作的古琴手感温润爽滑、音色通透，用化学漆难以得到这样的手感和音色。

111 何为“鹿角霜”

鹿角霜

鹿角霜是一种温肾助阳、收敛止血的中药材，为鹿角熬制鹿角胶后剩余的骨渣，通常将骨化角熬去胶质，取出角块，干燥制成。

为了保护木质琴体不会因

潮湿、磨损等原因损毁，因此斫琴师用木斫琴后，会在木质表面涂多遍漆胎，在漆下形成厚厚的漆胎。古琴的漆胎有些以鹿角霜调制，需将鹿角霜按不同目数（粗细程度）捣筛成粉，调和大漆使用。

古琴的漆胎有鹿角霜、瓦灰、八宝灰等不同质地，使表漆呈现黑、黄、紫、褐等各种颜色。

112 如何鉴别化学漆琴和大漆琴

鉴别化学漆琴和大漆琴，一般从音色、手感、亮度三点着手。

① 在相同环境下，大漆琴的音色要比化学漆琴的音色明显更好一些。

② 手感上，化学漆发涩，大漆相对顺滑一些。

③ 从外观上看，化学漆古琴琴面贼亮，而大漆琴面温润而有光泽。

113 什么是古琴“前容一指，后容一纸”

在《太音大全集·琴经须知》中，对古琴琴弦与面板的最佳距离描述是“前容一指，后容一纸”，意为琴弦在岳山处与琴面的高度可以容下一根手指，而到龙龈处的高度仅可容下一张纸。这是古人制作古琴时对岳山和琴弦高度的标准要求。

古琴琴弦应尽量低而不拍琴面，左手按弦若指下无弦，岳山高同时左手按弦范围内的弦又低为最佳。古代对古琴岳山和琴弦制作的要求就是在弹奏时右手弹弦有足够的空间，同时左手按弦又不抗指。

前容一指

后容一纸

114 在古琴里“低头”是什么意思

所谓“低头”是指琴面自三徽至二徽半的地方起，向琴头方向作弧形下延（有的琴也会从二徽或者一徽半的地方开始下延，这样高音更容易按弦），有的琴低头弧线会穿过岳山直到琴额顶端，叫做“二低头”。

115 古琴的样式对古琴的音色有影响吗

古琴的样式不同，槽腹共鸣腔体也不同，对音色有一定影响，琴体宽大的琴式（如伏羲、落霞式）会比琴体窄些的琴式（如仲尼、神农式）音色宽宏一些。一般琴体相近的古琴样式音色的差别不大。古琴音色的差异由斫琴师的工艺水平和材质等综合因素决定。

116 古琴的“断纹”是怎么回事

断纹是指古琴漆胎出现的裂纹。断纹有各种的形态，如梅花断、牛毛断、蛇腹断、冰裂断等。瓷器经过长时间的收藏、使用，由于外界环境等一系列因素的影响，有的会产生“冰裂纹”（开片），各种纹路增加了瓷器的美感。古琴的断纹与瓷器的开片原理相同。

古琴的自然的断纹成因复杂，传统工艺制作古琴时要刮漆胎数遍至十数遍，分层干燥，最终在木胎上形成较厚的漆胎层。由于每张琴制成后，在使用过程中，木胎收缩变化、漆胎配比、环境、保养等一系列不确定因素会导致有的古琴出现断纹。古琴上的断纹并不仅仅有审美意义，断纹出得好的琴不但外形美观典雅，而且也会给音色加分，因此往往比未出现断纹的琴更加名贵。

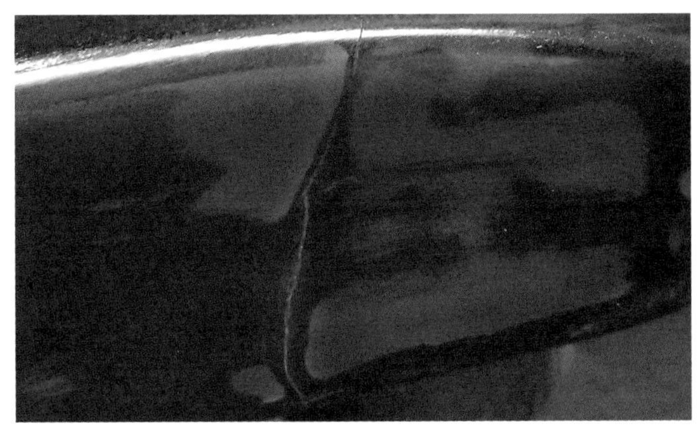

美丽的断纹

117 制作一张古琴的关键步骤有哪些

制作一张古琴有上百道工序，关键的步骤为选材、造型、槽腹、合琴、找平、灰胎、打磨、擦光、定徽、安足、上弦。

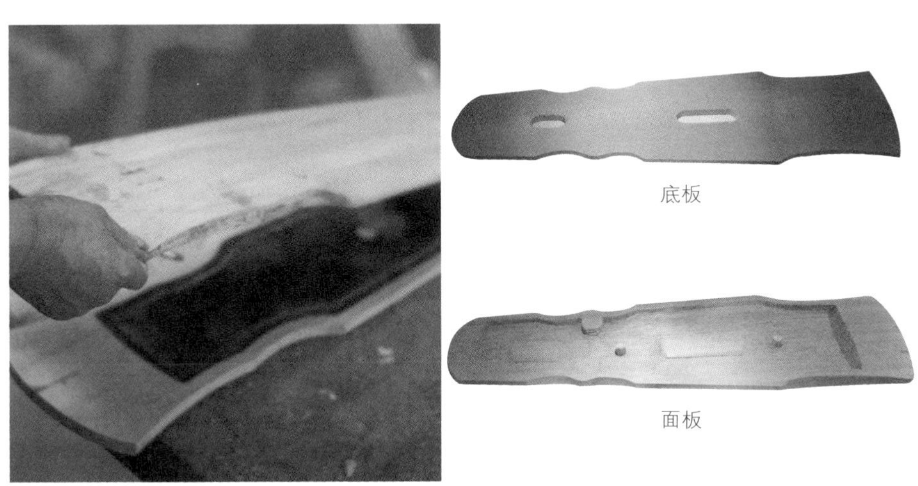

底板

面板

合琴

灰胎　打磨

定徽　安足

槽腹

118 制作一张传统工艺的古琴需要多长时间

严格地按传统工艺制作一张古琴需要一到三年的时间。不同地域气候不同，所以制作古琴耗用的时间不同。首先，原材料的干燥、稳定需要半年到一年的时间；漆胎分层打磨需要数月的时间。其次，漆胎完成后半成品的自然阴干需要至少半年以上的时间。最后才能上漆，漆干燥后再上弦。

找平　上漆胎

打磨　自然阴干

119 如何选择古琴

“工欲善其事，必先利其器”，建议学琴前在自己可承受范围内，选择一张有价值的、用传统工艺制作的古琴。挑选古琴应注意以下方面：

① 看外观，选琴式。选择自己喜欢的样式，主要看面板与琴弦的相对关系是否合理，仔细观察古琴，调标准音高。

② 判断古琴是否按传统工艺、手工制作。

③ 选择古琴最重要的是音色和手感，有条件的最好找有经验的琴师帮助选择。

④ 一定要在同样的环境下比较古琴音色，音色的鉴别要以现场为准，同一斫琴师的琴要放在同一张桌子上进行对比。

⑤ 询问是否有可靠的售后服务。因为古琴是木质乐器，受环境温度、湿度的影响，保护不好就会有不确定的情况发生，所以古琴专业的售后服务是非常重要的。

选琴

120 古琴应怎样养护

古琴的养护需要注意以下方面：

① 保持音色。古琴音色的最好保养方法就是天天弹奏，越弹奏音色会越好。

② 保护漆面。虽说琴的漆面比较坚硬，不容易损坏，但还是需要保养。要防止灰尘、暴晒、风吹、水淋、骤冷骤热、硬物刮蹭等。在南方，古琴应注意防潮；在北方，应注意空气不要过于干燥，不要放在暖气、空调边上。注意清洁卫生，琴弦底下的灰尘如果不及时清理，弹奏时会对漆面造成摩擦，所以弹琴前要用柔软的布擦拭一下。外出时，将琴包好放入琴囊，肩背时紧贴身体，以防古琴撞击损伤。女性习惯使用护手霜的，应养成弹琴前洗手的习惯，否则对琴也有不好的影响。

③ 长时间不弹琴，最好将琴挂起来，以免“塌腰”。

装琴

理琴穗

系紧琴袋

背琴

行走时琴紧贴身体

121 是什么决定了古琴的音色

决定古琴音色的关键是斫琴师的经验和技术水平。斫琴师会按照每段木料的特点设计槽腹结构和与之相应的漆胎处理，所有细节处理得当，才能使古琴有好的音色。这些细节的处理均由斫琴师的经验和技术而定。

122 为什么说古琴越弹音色越好

一张质量好的古琴，由于经常弹奏，合理的振动可使木胎和漆胎的内部结构更加合理，朝有利于声音通透的方向发展，使音色更加松透。一般连续弹奏三个月或半年，古琴的音色就会有明显的变化。古琴就像泡茶的紫砂壶一样，需要养护。

123 长时间不弹对古琴有什么影响

长时间不弹，古琴音色会变差。因为长时间不弹奏，古琴的木胎、漆胎缺乏合理的振动，音色就会变哑变噪，但只要坚持弹奏一段时间，古琴的音色就会逐渐恢复，所以一定要坚持每天弹琴。

124 为什么会有“杂音”

在弹奏古琴的按音、泛音、散音时突然某一处有其他的声音出现，被称为杂音。如果不是打板和煞音，很有可能是由于空气湿度的变化，导致琴底板雁足与龈托之间多根弦挤在一起的“非有效振动”和“有效振动”之间产生的某种振动而发出的声音，只要不让它们互相振动，杂音就会消失。

125 古琴的琴弦断了怎么办

琴弦断了可以更换。如果琴弦断了，买一根相对应的琴弦换上即可，如果自己不会换弦，就不要自己尝试，应请老师帮忙。上琴弦需要一定的力量与技术，没有经验的人可能花费一天的时间也换不上，并有可能将新的琴弦弄断。

126 初学者适合用丝弦琴吗

初学者一般不适合使用丝弦琴，因为丝弦柔软丝滑，不好掌握音准，滑弦时摩擦声音大，而且不好保养，容易断，且价格昂贵，所以建议初学者使用钢弦琴、冰弦琴。

弹奏丝弦琴特别考验琴师的技术水平，一般资深的琴师为了追求古朴、静谧的古韵，才会使用丝弦琴弹奏。

127 不弹古琴的时候琴弦需要松下来吗

如果长时间不弹奏古琴，最好将琴弦适当地松下来；如果只是一两天不弹奏，就不需要把琴弦松下来。过度的松弦可能会在重新上弦时比较麻烦。

128 古琴的琴弦多久需要更换

优质的琴弦，如果按正确的方法弹奏，最细的弦寿命二至三年。粗弦一般不会断，如不跑弦、不断弦无需更换。

琴弦与古琴磨合的时间越长，音色、手感越好。

129 琴垫有何作用

琴垫有防滑的作用，可以防止古琴放在琴桌上因弹奏用力而滑动，避免古琴碰撞或滑落，从而保护古琴。

古人用布作成细长的沙袋，用锦缎做成“琴荐”，一般放在琴头底板和雁足的下面，与琴垫作用相同。

在琴轸内侧加垫防滑

在雁足处加垫防滑

130 什么是“膝琴”

膝琴是一种尺寸较小的琴，是古代的琴人为了出门携带方便所制，比正常的古琴短一些，有效弦长98厘米左右，可以直接放在膝上弹奏，故称“膝琴”。

中间两张是膝琴

（二）琴谱

131 有曲谱前，古人怎样传承弹琴技艺

在古代琴谱出现以前，古琴弹奏技艺是靠老师一个动作一个动作、一句一句、一曲一曲，用口传手教的方法传授给学琴者的，学会一句再教下一句，直至学完一首。

132 古琴曲谱是什么时候才有的

古人学琴在相当长一段时间内一直延续口传手教的方法。相传，战国时期的雍门周是琴谱的发明人，但至今未发现流传下来的那时的古琴曲谱。目前发现的最早的古琴曲谱是成谱于南北朝晚期、唐初时期的古琴谱抄本《碣石调·幽兰》。

133 古琴曲谱经历了怎样的发展变化

从古琴曲谱出现至今，古琴曲谱发展变化如下：

① 文字谱。唐朝以前，人们通过用语言文字，记录一首琴曲每个音所在的弦数和徽位、左手用哪一手指按住哪根弦、右手用哪一手指拨弹，并加入节奏快慢的提示。因此，记叙一个音，短则一两句，长则三到四句，记成文字谱非常艰辛繁难。现存唯一的文字谱是

《碣石调·幽兰》。

② 减字谱。唐末曹柔完成了古琴曲从文字谱到减字谱的改进。减字谱大大简化了琴谱的篇幅。历经千年，至今还在使用。

③ 简谱和五线谱。新中国成立后，琴家们将减字谱再配上五线谱或简谱，帮助描述乐曲的音高与旋律。这种进一步简化了古琴谱，降低了看懂古琴谱、学习古琴的难度。

134 古琴的减字谱难懂吗

古琴的减字谱看起来像汉字，但又不是汉字，所以初次看到古琴减字谱的人都感到无所适从，看不懂写的是什么。

其实古琴减字谱并不难懂，减字谱是由汉字拆减笔画组合而成，是古琴特有的指法谱，是有规律的。只要是认识汉字的人，在老师的指导下很快就能认识减字谱。

135 减字谱的构成规律是怎样的

古琴减字谱是一种独特的古琴谱，由右手指法、左手指法和一般术语组合而成。

① 右手基本指法有八种，俗称“四指八法”，即大拇指的尸（擘，音pī）、乇（托），食指的木（抹）、乚（挑），中指的勹（勾）、号（剔），无名指的丁（打）、亐（摘）。其他指法是由这八法变化而成。

② 左手指法主要有ケ（吟）、犭（猱）、卜（绰）、氵（注）、上（上）、下（下）、佳白（进复）、艮白（退复）等。

③ 一般术语，如调名（定弦法）、弦名、徽名、散、泛、按音、速度、力度、表情术语等。

减字谱的记写方法为：先在曲名下标记琴调（定弦法），然后用大字作正文，小字作旁注记谱。每个大字由上、下两部分组成，上半部为左手各指所按徽位，下半部为弦名与右手指法。如略去上半部或仅有弦名而无右手指法，则表示左手徽位或右手指法均与前一谱字相同。

136 现在学古琴用什么样的曲谱

现在学习古琴主要使用传统的古琴减字谱和简谱或五线谱对照学习。古琴减字谱明确地表现了指法，而简谱和五线谱可以帮助我们掌握节奏和音高。

标有五线谱和减字谱的曲谱

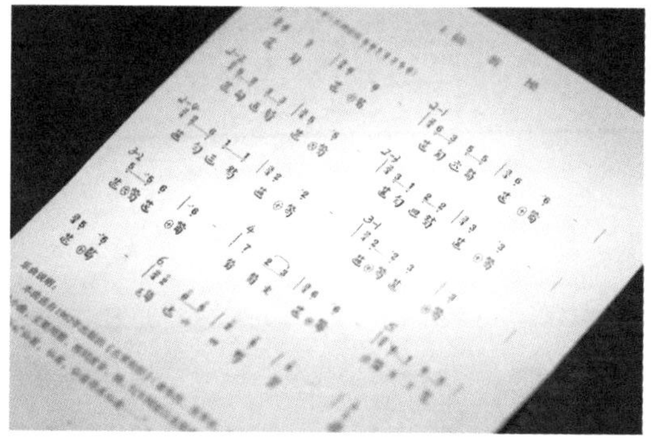

标有简谱和减字谱的曲谱

137 什么是“打谱”

“打谱”就是将古代古琴的文字谱进行整理、译谱、考证、鉴别等，是还原古曲的弹奏风格的音乐艺术实践工作。

古代没有录音设备，只能用文字谱来记录声音，然而这种表达毕竟不能代替声音，且很多古谱中节奏标识并不明确，所以需要先“打谱”，以便演奏。

138 什么是正调

古琴的正调，古时称宫调、仲吕调、黄钟调等，现在称F调，常用的三弦为“F”音高，并以“F”为宫音，音名是F，唱名是do（$\underset{\cdot}{1}$）。因多种琴曲采用F调，所以称其为“正调”。

139 除正调外，古琴曲还有其他调吗

古琴除了正调，还有外调。外调是指正调以外的其他调式，主要有蕤宾调、清商调、太族调、无射调等。使用外调的琴曲比正调的琴曲少一些。

140 怎样辨别古琴的弦位和徽位

古琴有七弦十三徽，弦位是从上往下数，即上面第一根最粗的弦是一弦，依次向下为二弦、三弦……直到最下面最细的一根琴弦是七弦。徽位是从右向左数，最右侧第一个徽位是一徽，依次向左数，最后一个徽位是十三徽。

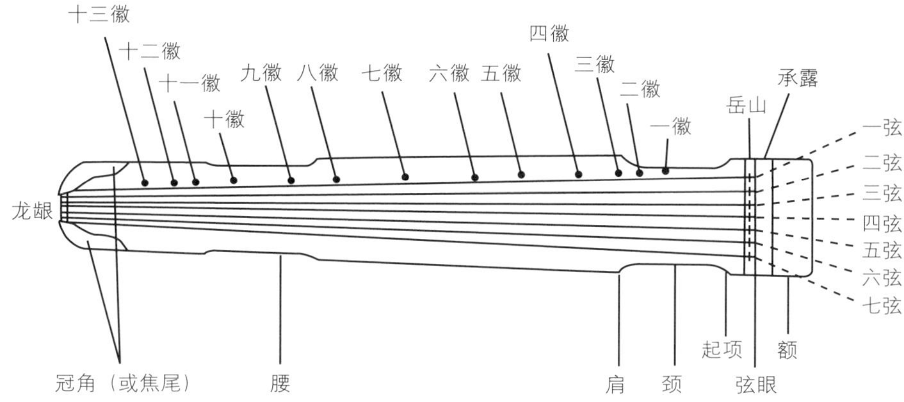

141 不认识五线谱可以学习古琴吗

如果作为业余爱好，不认识五线谱也可以学习古琴，只要用传统的减字谱和简谱相结合就可以了。如果想深入学习古琴，则建议学习减字谱和五线谱，这样有助于更好地理解、学习古琴。

142 古琴一弦到七弦的简谱唱名、音名是什么

古琴的七根弦在简谱上的唱名不是与do、re、mi、fa、sol、la、si（1、2、3、4、5、6、7）依次对应的。正调时古琴从一弦到七弦，对应的是sol、la、do、re、mi、sol、la（$\underset{:}{5}$、$\underset{:}{6}$、$\underset{\cdot}{1}$、$\underset{\cdot}{2}$、$\underset{\cdot}{3}$、$\underset{\cdot}{5}$、$\underset{\cdot}{6}$），音名一弦到七弦对应的是C、D、F、G、A、C、D。

143 古琴的三种音色“散音、按音、泛音”在古琴减字谱中是怎么样标识的

古琴有三种音色，即散音、按音、泛音，在琴谱中的表达方式分别是：

① 散音：用“艹”字头来代表，指法符号的上半部分是“艹”字头的就是散音。

② 泛音：在琴谱中有 𠃊 泛起的符号（就是指泛音开始的意思）一直到有 正 泛止符号（就是指泛音结束的意思）范围之内的这一段就是泛音。

③ 按音：指法符号的上半部分明确指出左手要按的徽位，并不在泛音的范围之内就是按音。

144 有人说古琴曲是没有节奏的，可以自己随意发挥弹出，是这样吗

这种说法是不正确的，每首古琴曲都有自己的节奏，但中国古琴演奏中有很多所谓的自由节奏，古代琴家很懂得在演奏中艺术地运用拍速的变化。

当琴师透彻地理解了一首古琴曲，再受到环境和心情的影响，会在弹琴时注入个人感情，在原曲的弹奏技巧上有所改变，以表达当时的情感。但这是建立在演奏者为资深的琴师，对古琴和琴曲具有一定的见解的基础上。

古琴弹奏有很多流派，每个流派都有自己的风格，但都不会改变曲子基本内容，只是弹奏的技法和某些细节的处理有所不同。如果是古琴初学者，还是要好好地按古琴名家打谱的曲子弹奏，否则别人可能听不懂你弹奏的内容。

145 古代的琴谱中有节拍的标注吗

最早的古琴谱中没有明显的节拍标注，但就像古文没有标句读一样，没有句读并不表示要一口气读完，不停顿、不换气。读古文的时候是根据文言文中的虚词“之、乎、者、也、矣、焉、哉”等来断句，在古琴谱中，节拍早先是以“缓、急、轻、重、连、息、少息”等文字来提示的。清代出现了工尺谱的记谱方法，现代则普遍运用简谱和五线谱来标志节拍，方便了现在的学琴者。

（三）抚琴

146 古琴弹奏有哪些著名流派

著名的古琴弹奏流派有广陵、虞山、蒲城、泛川、九嶷、江浙、诸城、梅庵、淮阳、岭南等，以下九大古琴弹奏流派及其特点可为参考：

派别	创始人和年代	风格	代表曲目
江浙派	郭沔，南宋末年	流畅清和	《潇湘水云》《渔歌》《樵歌》《胡笳十八拍》等
虞山派	严征，明朝末年	清微淡远，中正广和	《秋江夜泊》《良宵引》《潇湘水云》等
广陵派	徐常遇，清代	中正、跌宕、自由、悠远	《龙翔操》《梅花三弄》《平沙落雁》《潇湘水云》等
蒲城派	祝桐君，清代	指法细腻，潇洒脱俗，疾缓有度	《渔樵问答》《平沙落雁》《阳关三叠》《石上流泉》等
九嶷派	杨宗稷，清代	苍劲坚实，讲究吟猱节奏	《流水》《广陵散》《胡笳十八拍》《幽兰》等
诸城派	王溥长、王雩门，清代	王溥长清和淡远，王雩门绮丽缠绵	《长门怨》《阳关三叠》《关山月》等
梅庵派	王宾鲁、徐立孙，清代	流畅如歌，绮丽缠绵，吟猱幅度较大	《平沙落雁》《长门怨》《关山月》《秋江夜泊》《捣衣》等
岭南派	黄景星，清代	清和淡雅	《碧涧流泉》《渔樵问答》《怀古》《玉树临风》《鸥鹭忘机》《乌夜啼》等
泛川派	张孔山，清代	峻急奔放，气势宏伟	《凤求凰》《雉朝飞》《梁父吟》《当归》《流水》《醉渔唱晚》《孔子读易》《普庵咒》等

147 古琴桌、椅的选择应注意什么

选配琴桌、椅应注意以下几点：

① 桌、椅的高度。古琴的桌、椅的高度，如追求传统，可参照宋徽宗《听琴图》中的桌椅高度。宋徽宗是古琴行家，他在画中绘制的琴桌、椅的高度正好符合现代大多数人“脚踏实地”的坐姿高度。如按现在古琴桌、椅的高度，琴桌高度约62～66厘米、琴椅高度约42～46厘米，琴桌与琴凳的高度差以20厘米为宜。

② 琴桌无上、下卷和枨。琴桌的侧边不要有上卷或下卷装饰，桌面侧下桌腿间最好不要有斜枨、牙子

（牙板）等挡腿的装饰件。琴桌的腿最好不内收，因为弹琴时人是坐在桌子的一侧而并非正中，膝盖需伸进桌底，如果桌腿内收，桌腿正好位于弹琴者两腿中间，两腿夹着桌腿的坐姿将极为不雅，也十分不舒服。

③ 琴桌桌面厚度适中。

④ 琴桌、椅稳定性好。

⑤ 琴桌材质以桐木为宜，可使古琴的扩音效果达到最佳。

148 抚琴前需要做什么准备

抚琴前首先应检查古琴摆放位置是否合适，再调校音准，尤其是弹奏外调琴曲时需要重新调弦。琴具准备以外，抚琴者最重要是调节好自己的心绪，可借助焚香放松心情。

149 怎样调弦音的高低

调弦时，首先明确要调的弦音是高了还是低了，然后手心朝上，旋转琴轸，逆时针是紧弦（调高），顺时针是松弦（调低）。

调弦

150 如何用泛音调音

用泛音调弦可按照这个顺序：以五4校七5（就是以五弦4徽泛音为准，校对七弦5徽的泛音为同音），以七7校四5，以四4校六5，以六7校三5，以三5校一4，以四5校二4。

151 古琴有电子调音器吗

古琴有电子调音器。初学者用泛音调弦不易调准，可以使用电子调音器，但由于古琴属于低音域乐器，散音的振动弦较长，调音器不容易感应准确，可以同时采用泛音调弦方法一起调音。调音器上的音名从一弦到七弦对应的是C、D、F、G、A、C、D。

用电子调音器调音——拨琴弦

调音器上显示音名即为调准

152 左右手如何配合弹出散音、按音、泛音

① 散音：也叫空弦音，即仅用右手弹弦所发出的声音。

② 按音：包含走手音（左手滑音），即右手弹弦，左手同时对准徽位按同一根弦或按着弦滑动所发出的声音。

③ 泛音：即左手对准琴弦徽位，轻触琴弦但不按下去，而右手同时弹同一根弦发出的声音。

散音

按音

泛音

153 蕤宾调调弦的方法是什么

蕤宾调又称金羽调，调弦方法是以正调为基础紧五弦，使五弦五徽泛音调到与三弦四徽泛音为同音。代表曲目有《潇湘水云》《阳关三叠》《欸乃》等。

154 清商调调弦的方法是什么

清商调又称夹钟调、小碧玉调等，调弦方法是以正调为基础紧二、五、七弦，使三弦十徽泛音与五弦九徽泛音同音，使五弦十徽泛音与七弦九徽泛音同音，使五弦七徽泛音与二弦九徽泛音同音。代表曲目有《秋鸿》《捣衣》等。

155 慢角调调弦的方法是什么

慢角调又称林钟调、黄钟调。调弦方法是以正调的基础慢三弦，使三弦的四徽泛音降至与五弦五徽泛音同音。代表曲目如《凤求凰》。

156 慢商调调弦的方法是什么

慢商调调弦方法是以正调的基础慢二弦，使二弦与一弦同音。代表曲目如《广陵散》。

157 凄凉调调弦的方法是什么

凄凉调又称楚商调。调弦方法是以正调为基础紧二、五弦，使五弦九徽泛音与三弦十徽泛音同音，使五弦七徽泛音与二弦九徽泛音同音。代表曲目如《离骚》。

158 无射调调弦的方法是什么

无射调又称紧五慢一调。调弦的方法是以正调的基础紧五弦慢一弦，使五弦九徽泛音与三弦十徽泛音同音，使一弦七徽泛音与五弦散音同音。代表曲目有《大胡笳》《小胡笳》《胡笳十八拍》等。

159 古琴右手的基本指法有哪些

① 木（抹）：用右手的食指单指向后下方（45°角）用大关节（以中、小关节为辅）拨动琴弦。抹后手指停靠在运动方向相邻的弦上。

"抹"的准备动作

"抹"的完成动作

②乚（挑）：用右手食指和大指（即拇指）两个手指（大指指尖轻轻挨着食指第一关节左侧后方）先收回为圆状——“龙眼”，再用食指指尖向前下方（45°角）自然快速弹出，这时大指和食指伸展成“凤目”状。挑时大指要向前推动食指，而食指只用中小关节运动，最后食指指尖停靠在上一根弦处。

“挑”的准备动作

“挑”的完成动作

③ **勹**（勾）：用右手中指的指尖搭在弦上，向后下方（45°角）用大关节（中、小关节为辅）勾下弦。勾后手指停靠在运动方向相邻的弦上。

“勾”的准备动作

“勾”的完成动作

④ **𠃎**（剔）：用右手中指的指尖向前下方（45°角）用大关节（中、小关节为辅）拨出。在快速、联动弹奏时可不考虑角度。

“剔”的准备动作

“剔”

“剔”的完成动作

⑤ 丁（打）：用右手无名指的指尖向后下方（45°角）用大关节（中、小关节为辅）拨弦。

"打"的准备动作

"打"的完成动作

⑥ 丂（摘）：用右手无名指的指尖向前方拨出，用大关节发力（中、小关节为辅）。

⑦ 尸（擘）：用右手大指的指尖向后方拨出，用小关节发力（大关节为辅）。

“擘”的准备动作

“擘”的完成动作

⑧ **乇**（托）：用右手大指的指尖靠弦向前方拨入，用小关节发力（大关节、掌关节为辅）。

“托”的准备动作

“托”的完成动作

⑨ 早（撮）：分大撮（跨度为五根弦、六根弦，是托和勾指法的合用，见示范图）和小撮（跨度为三根弦、四根弦，是挑和勾指法的合用）。撮后手指停靠在运动方向相邻的弦上。

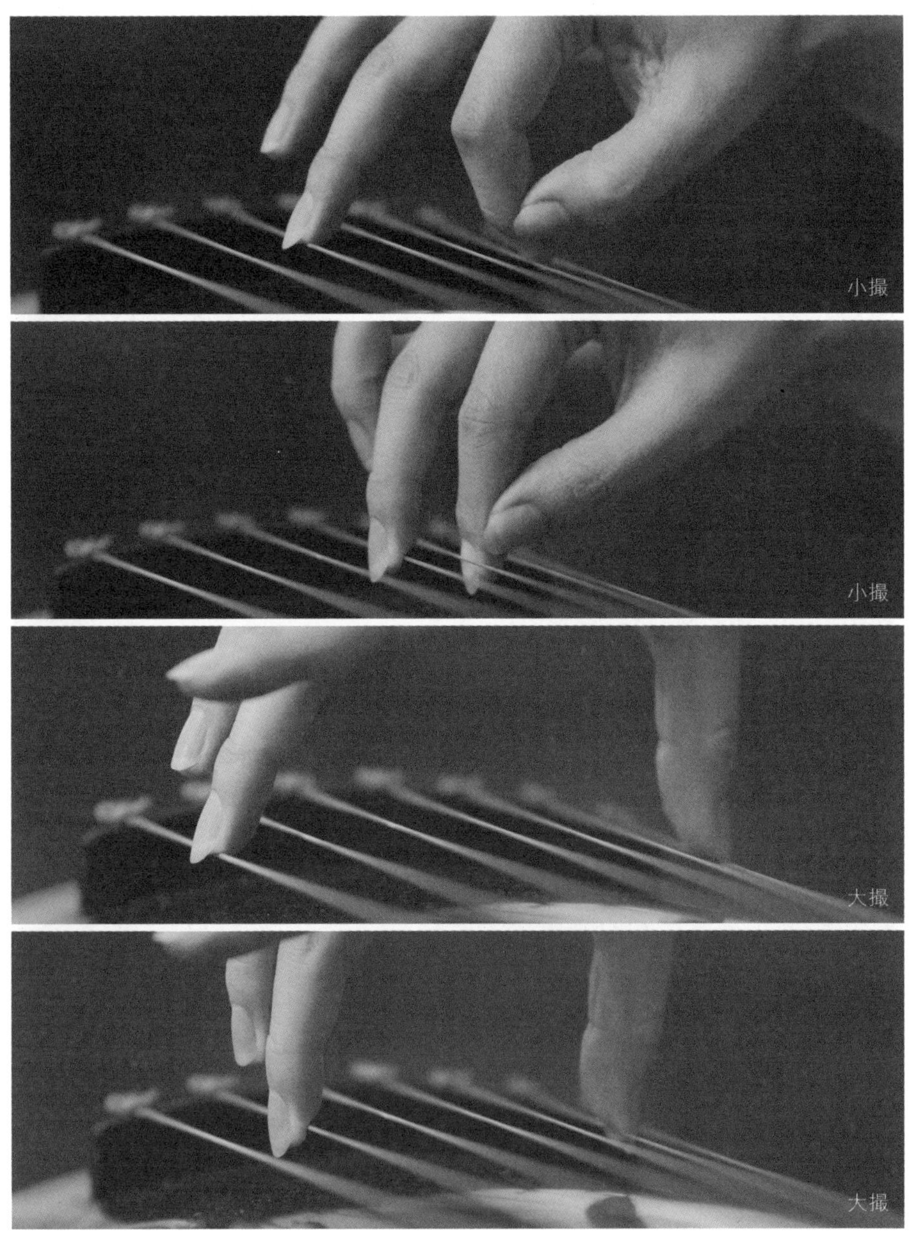

⑩ 𢄌（反撮）：与撮相反，反大撮为擘和剔指法的合用，反小撮是抹和剔指法的合用。

⑪ 癶（拨pō）：右手食指、中指和无名指三根手指自然并拢，指尖对齐由右前方向左后方斜向拨响按音弦和散音弦。三指向掌根处拨入，小臂以肘关节为轴向身体中心呈扇面形转动，两弦如出一声。

⑫ 朿（剌）：与拨相反。

⑬ 伏：一般在一弦和二弦上，与剌并用，剌之后用右手掌将弦快速扶住，起到制音效果。

⑭ 合（轮）：无名指、中指和食指三手指依次做摘、剔、挑，以掌关节为轴。

⑮ ⿱龹乚（半轮）：无名指和食指依次向前做摘和剔，以掌关节为轴。

⑯ 厂（历）：食指做连挑数弦的动作。

⑰ 木乚（抹挑）：先抹后挑。

⑱ 勹易（勾剔）：先勾后剔。

⑲ 巛（锁）：在同一弦上连续抹、勾、剔三声。

⑳ 北（背锁）：在同一弦上连续剔、抹、挑三声。

㉑ 𥎦（短锁）：在同一弦上连续抹、勾、剔、抹、挑五声。

㉒ 镸（长锁）：在同一弦上连续抹、挑、抹、勾、剔、抹、挑七声。

㉓ 囗（打圆）：用挑、勾或托、勾在相隔的两根弦上依次拨出七声。

㉔ 衮（滚）：用摘自内向外连拨数弦。

㉕ 弗（拂）：用抹自外向内连拨数弦。

㉖ 如一（如一）：用剔快速连拨按音弦与相邻的前一根散音弦（多为八度双音），如出一声。

160 古琴左手的基本指法有哪些

① 大（大）：大指。

② 亻（食）：食指。

③ 中（中）：中指。

④ 夕（名）：无名指。

⑤ 𧾷（跪）：跪指。

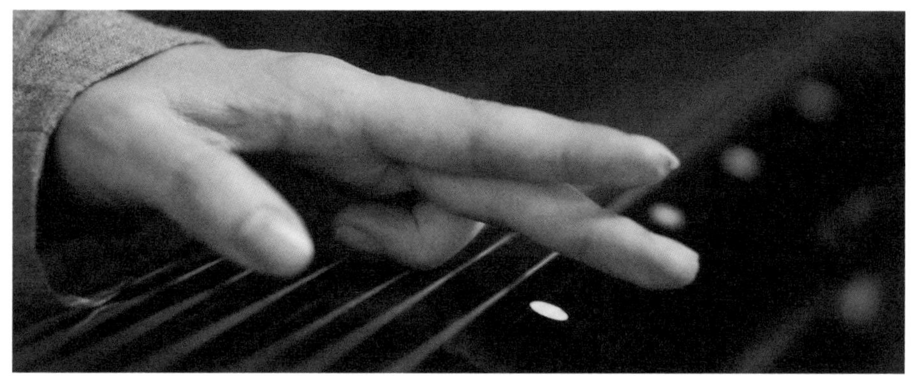

“跪”（跪指）

⑥ 上（上）：左手指按音，右手指弹响该音，再向右滑动到上一音位并得一音。

⑦ 下（下）：左手指按音，右手指弹响该音，再向左滑动到下一音位并得一音。

⑧ 徍旨（进复）：左手指按音，右手指弹响该音，再向右滑动到上一音位后再回到原位。

⑨ 艮旨（退复）：左手指按音，右手指弹响该音，再向左滑动到上一音位后再回到原位。

⑩ 卜（绰）：上滑音。左手按音，右手弹响该音，同时左手从该音位左侧向右滑到指定音位上。

⑪ 氵（注）：下滑音。左手按音，右手弹响该音，同时左手从该音位右侧向左滑到指定音位上。

⑫ 午（浒）：上滑音。左手按音，右手弹响该音，左手向右滑到三、四度甚至更高的音位。

⑬ 商（淌）：下滑音。左手按音，右手弹响该音，缓慢地向左滑到该音位上。

⑭ 力（吟）：左手按音，右手弹响该音后，按音指围绕该音作逆时针圆向运动，起、止均为圆形轴心。

⑮ 犭（猱）：左手按音，右手弹响该音后，按音指向右提起，然后再有节奏地向左落回，上虚下实。

⑯ 乞（掐起）：左手大指走音停下后，向后上方拨响无名指按在同一根弦上的左侧低音。

"掐起"的准备动作

"掐起"的完成动作

⑰ 爫巳（抓起）：左手大指走音停下后，向后上方带响该弦散音。

⑱ 巾巳（带起）：左手无名指走音停下后，向后上方带响该弦散音。

⑲ 扌出（推出）：左手中指走音停下后，将所按弦向前推出得一散音（一般用于一弦）。

⑳ 立（撞）：左手按弦，右手弹响该音后，左手迅速向右滑到上一音位（撞），再回到原位上（被撞回）。

㉑ 罒（罨）：左手无名指按弦，大指用指甲下锋向下击打同一弦上一音位。

㉒ 虍罒（虚罨）：在散音的情况下，左手指自上而下击打琴弦的确定音位。

㉓ 卜（徽外）：一般指十三徽外两厘米的位置。

“徽外”，十三徽外两厘米的位置

161 古琴的减字谱中还有哪些常用符号？

① 方合（放合）：左手指走音后向内拨响该弦散音，然后迅速按到相邻的后边弦上的指定音位，右手指拨响该音。两音可同时出音也可先后出音。

② 掐撮三声（掐撮三声）：左手无名指按弦，大指在上一音位罨弦得声后，再掐起无名指所按之音，右手指再撮响散按音两弦，共得三声。

③ 尤（就）：左手就着原按音位不动，右手再弹弦一次。

④ 不力（不动）：按音先不动，保持余音，再做变化。

⑤ 冉乍（再作）：乐句、乐段的反复。

⑥ 厶（至）：到。

⑦ 曲冬（曲终）：全曲结束。

162 左手大指按弦的技巧是怎样的

所有指法都要注意手型正确，大指按弦手型应以“兰花指”为基础，手心犹如握着一个鸡蛋，大指按弦的位置是手指侧面指甲的中段——半甲半肉处，大指的第一关节微微内扣且放松。

大指按弦——从内侧看

大指按弦——从外侧看

163 左手无名指按弦的技巧是怎样的

左手似手心轻握着一个圆球，呈半圆形，用无名指指尖左侧边缘半甲半肉处按弦，无名指自然内扣成弧形，用掌心与无名指连接的关节处作为支撑点与发力处，其他关节与手指自然放松即可，无名指不宜留指甲。

左手无名指按弦——从内侧看

左手无名指按弦——从外侧看

164 左手中指按弦的技巧是怎样的

中指内扣成弧形，其他手指自然放松配合中指。

中指按弦手心朝下，按弦位置是中指顶端肉处。中指不宜留指甲。

左手中指按弦——从内侧看

左手中指按弦——从外侧看

165 “挑”的技巧是怎样的

乚（挑）是右手最基本的指法，也是最常用的指法，是食指与大指的结合动作。大指指尖轻轻挨着食指第一关节左侧后方，先收回为圆状，即“龙眼”，再用食指指尖向前下方（45°角）自然快速弹出，这时大指和食指伸展成“凤目”。

在挑时，大指要向前推动食指，而食指只用中小关节运动，直接迅速地挑出，经过要挑的弦不做任何停留，最后食指指尖停靠在上一根弦处。比如挑七弦，挑完后食指的指尖指甲这一侧停留在六弦上。注意，挑的方向是自后向前、自上向下，向前斜下方挑出，食指不要贴在要挑的弦上。

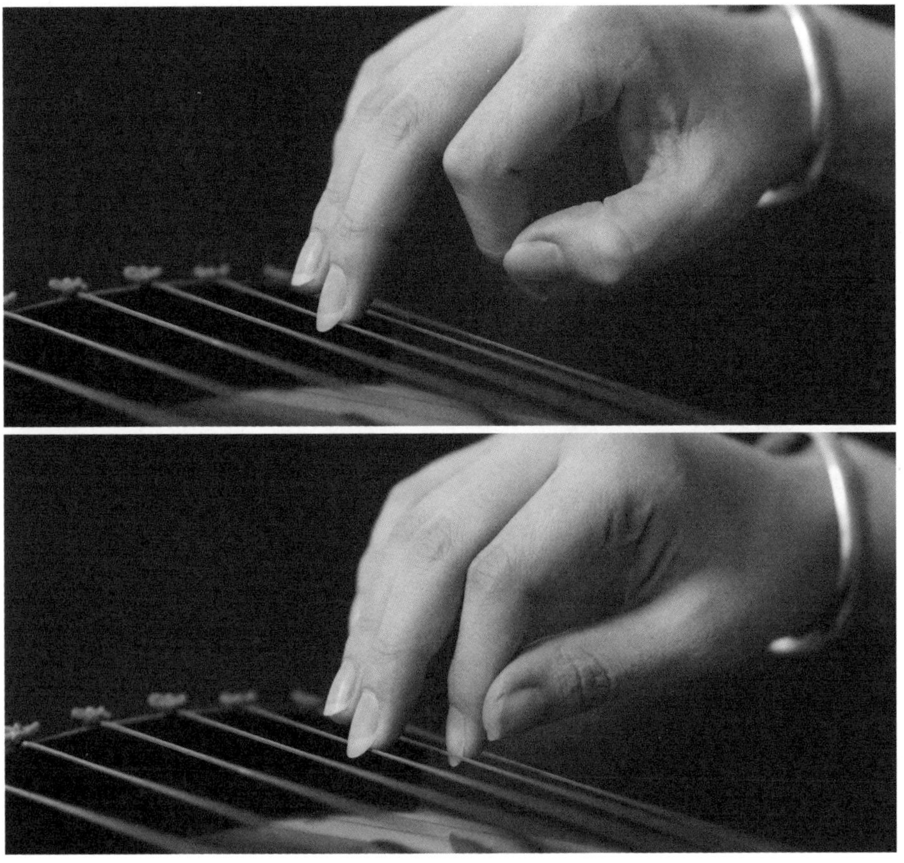

“挑”的动作分解图

166 “勾”的技巧是怎样的

ㄅ（勾）是右手中指的动作，乚（挑）和“勾”是用得最多的指法。

“勾”的动作是中指指尖搭在要勾的弦上，手心朝下，手掌自然成弧形，先肉后甲，以中指指根关节带动，直接向斜下方45°角勾下来，勾完后中指应顺势停靠在后面的弦上“落地生根”。

“挑”和“勾”之后都是顺势停靠在相邻的弦上，叫作“寄指”，这样方便掌握轻重，也方便弹奏时找弦路。

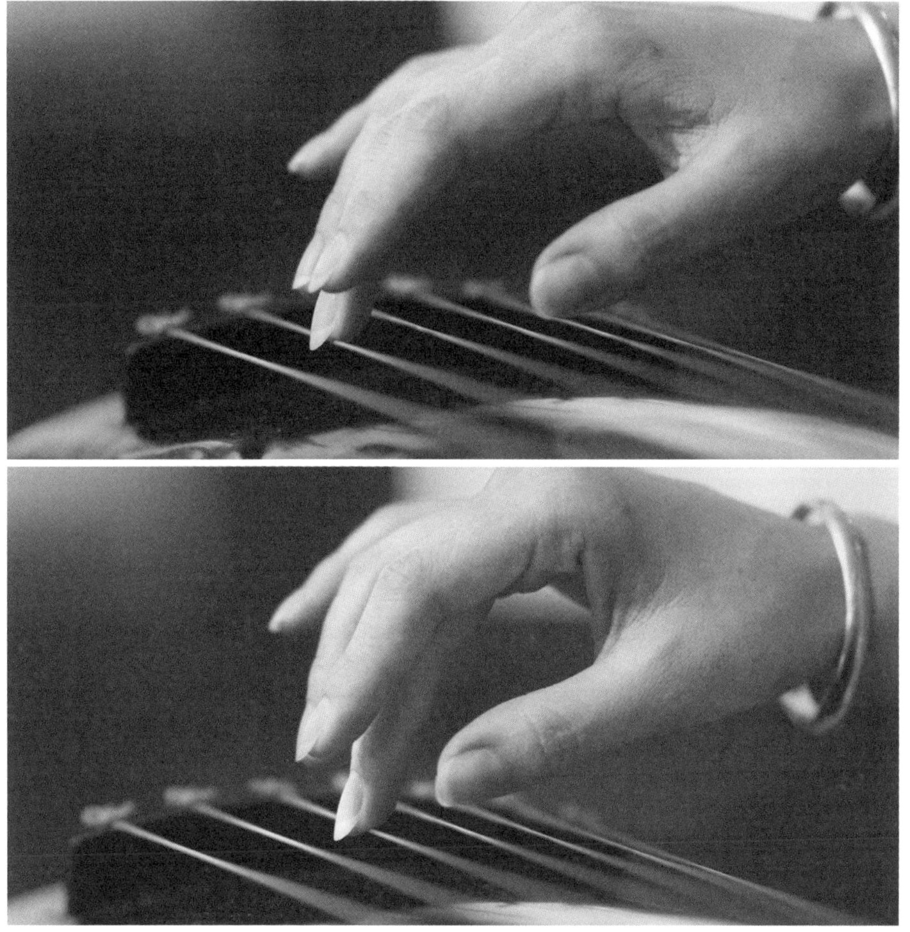

“勾”的动作分解图

167 泛音的弹奏技巧是怎样的

泛音是弦乐演奏中最常用的特色弹奏法。弹奏泛音时，左手手指对准徽位，虚按在琴弦之上，右手弹奏相应的弦，左手再抬起。古人用“蜻蜓点水”来形容泛音的动作。

初学者可先将左手对准徽位并轻轻扶在相应的弦上，右手弹奏相应的弦，出声后，左手再抬起，如“蜻蜓点水”，慢慢练习至左、右手同时动作。

弹泛音的准备动作

弹泛音时，左右轻按琴弦的动作

168 滑音的弹奏技巧是怎样的

左手的滑音动作要点是：手指始终将弦按于琴面上滑动，如果琴弦没有按实，就会弹不出声音或走音。滑动到达目的徽位时要准确干脆地停住，滑弦的快慢要根据曲句的节拍而定。

169 “上和绰”“下和注”的弹奏技巧是怎样的

“上”与“下”是两个主音，第一个音发出后再根据节拍借着余音滑到第二个音位处，而“绰”与“注”是一个主音，是前面带一个滑音作为装饰音，左手再滑音的起始处不作停留，左手和右手的弹弦同时动作，直接滑到指定徽位停住，得一个音。

（四）初习古琴——修习与修养

170 如何才能做到人、琴、曲合一

明末著名琴家徐上瀛所著的《溪山琴况》中说“弦与指合、指与音合、音与意合”，这是极具代表性的琴学观点。

“弦与指合”是指手指驾驭琴弦的能力；“指与音合”是指注意乐句、乐章与整体乐曲结构的关系，掌握音高、节奏的变化，弹奏时准确地表现乐曲；“音与意合”，这一点必须建立在正确、熟练掌握弹奏技巧的基础之上。只有演奏技巧纯熟，意到手到，手指自然随着演奏者意念而走，没有阻碍，音随意走，演奏者身心陶醉在乐曲之中，才能达到人、琴、曲合一的境界。

171 古琴音准重要吗

自古以来古琴名家都十分讲究音准。《三字经》中有“蔡文姬，能辨琴”，说的是著名琴家蔡文姬很小的时候就能准确辨别琴音音准。明末徐上瀛所著的《溪山琴况》中的“指与音合”说的就是取音，并且进一步强调“音有律，或在徽，或不在徽；固有分数以定位，若混而不明，和于何出？”

学习古琴应重视音准，初学者开始学琴时就应严格要求自己弹奏的音准，养成良好的学琴习惯。

172 如何练习音准

初学古琴者练习音准应注意以下几点：

① 根据正规教材的音视频反复认真地听音，建立正确的音准概念。

② 初学者应经常请老师帮助调音，经过学习掌握调音方法。

③ 弹琴前经常调弦校音。

④ 练习中严格遵照指法及徽位的要求，养成走音、按弦准确的好习惯。

173 如何掌握琴曲的节奏

要掌握节奏先要学会节拍。“节拍”是有强有弱的相同的时间片断按照一定的次序循环重复；“节奏”是用强弱组织起来的音的长短关系。

初学者首先要建立节拍的概念，可以使用节拍器辅助，进行一拍（四分音符）、半拍（八分音符）、四分之一拍（十六分音符）的训练，学会打拍子。注意，打拍子的动作不宜太大，否则养成习惯后会影响正式弹奏时的琴容。在此基础上再练习琴曲节奏。

174 初学者可以从大曲开始学起吗

初学者不宜从大曲开始学习，应从开指小曲学起，一般开指小曲都是小型的初级琴曲，主要练习以右手的勾、挑，左手大指和无名指按弦徽位等为主的基础指法，乐曲也是比较有规律、简单的古琴曲。

学琴应先将基础指法练习扎实，再循序渐进，学习有难度的古琴曲，这样更容易上手。

175 初学者怎样从易到难选择琴曲

初学者应从小曲开始学习，反复练习指法基本功，循序渐进地学习。扎实的指法基本功是练习大曲的基础。建议琴曲选择按照如下顺序：《仙翁操》→《秋风词》→《湘江怨》→《酒狂》→《关山月》→《阳关三叠》→《平沙落雁》→《长门怨》→《梅花三弄》→《欸乃》→《流水》→《潇湘水云》→《大胡笳》→《广陵散》。

176 弹琴时的仪容仪表对弹琴有何影响

正确的指法是正确弹奏的基础，正确的姿态是正确指法的基础。同时，抚琴时仪态端正也是修养身心的基本要求，《管子·内业》中说：形不正，德不来，中不静，心不治，正形摄德，天仁地义。

弹琴时，按照“百会上领、沉肩坠肘、松肩空腋、脚心虚涵”等形体要求，可使弹琴者仪态端庄；服饰宽松舒适可使全身气血舒畅；心平气和，安定放松，更有利于指法的正确运用，达到弦、指、音、意相合的演奏境界。

177 怎样的体态为琴容端正

抚琴时，应琴容端正，正襟危坐，面容平和。

男子双脚分开约20厘米，女子双脚略微分开，或一前一后略微错开。两脚着地，脚心虚涵，膝盖成90°。

坐于琴凳前三分之二处，如座椅有靠背，不要靠坐，后背自然挺立，沉肩坠肘，下颌微收，头微上顶，舌顶上鄂，全身自然放松。

弹琴之前，人要坐正坐直，全身放松。用到琴尾音时可略倾斜向左，伸臂到十徽以下，但用过仍需回到坐正坐直的状态。

弹琴时我们应注意全身放松不紧绷，双脚应着地，不能跷二郎腿。如此方能琴容端正。

178 抚琴者弹奏前应做些什么准备

抚琴者弹奏前应做以下准备：

① 洗净双手，指甲修建整齐。抚琴者双手要清洗干净，否则弹琴时可能在琴面上留下污垢，对琴有伤害，也会令听琴者不适。

② 弹奏前要将自己的琴清洁干净、校准音，检查古琴有无隐患，避免在弹奏过程中出现问题。

③ 放松精神，宁心静气，专注于即将开始的弹奏。

179 业余爱好学者初学琴每天需要练习多久

作为业余爱好学琴，初学阶段，每天有一个小时的时间练习古琴就可以了。可以分次练习，如上午练习半小时，下午练习半小时。练琴时间可自由安排，最重要的是每天坚持练习。

180 学习古琴对初学者年龄有要求吗

一般6周岁以后无论多大年龄都可以学习古琴。因为古琴属于弦乐，小朋友的手比较娇嫩，力气比较小，所以最好6岁以后开始学琴。只要认真修习，多大年龄开始学古琴都不算晚。

181 抚琴时应该坐在琴的什么位置

抚琴时应坐在靠近古琴七弦这侧，身体正对着琴的四、五徽中间，身体距离古琴两拳远近（约20厘米）。

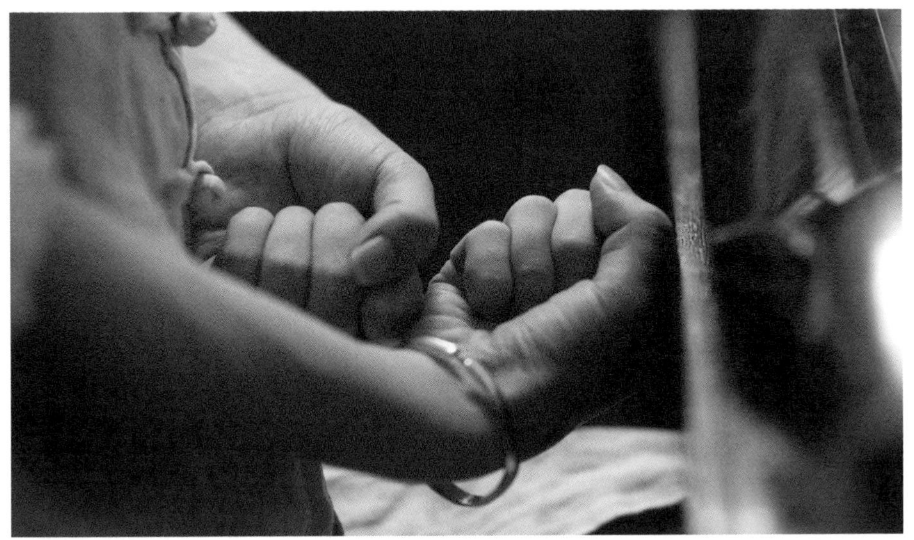

身体离古琴两拳距离

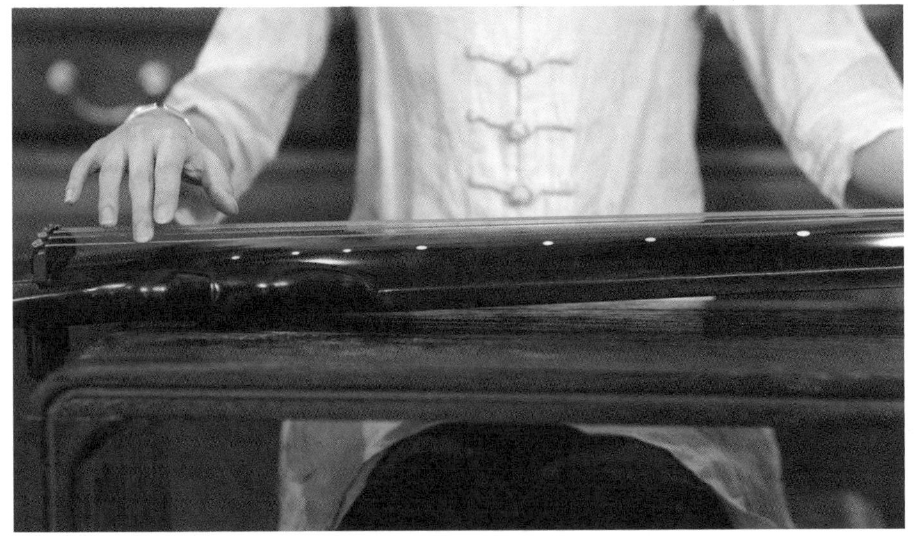

身体正对四、五徽中间

182 抚琴时古琴摆放方式

抚琴时古琴摆放如图：

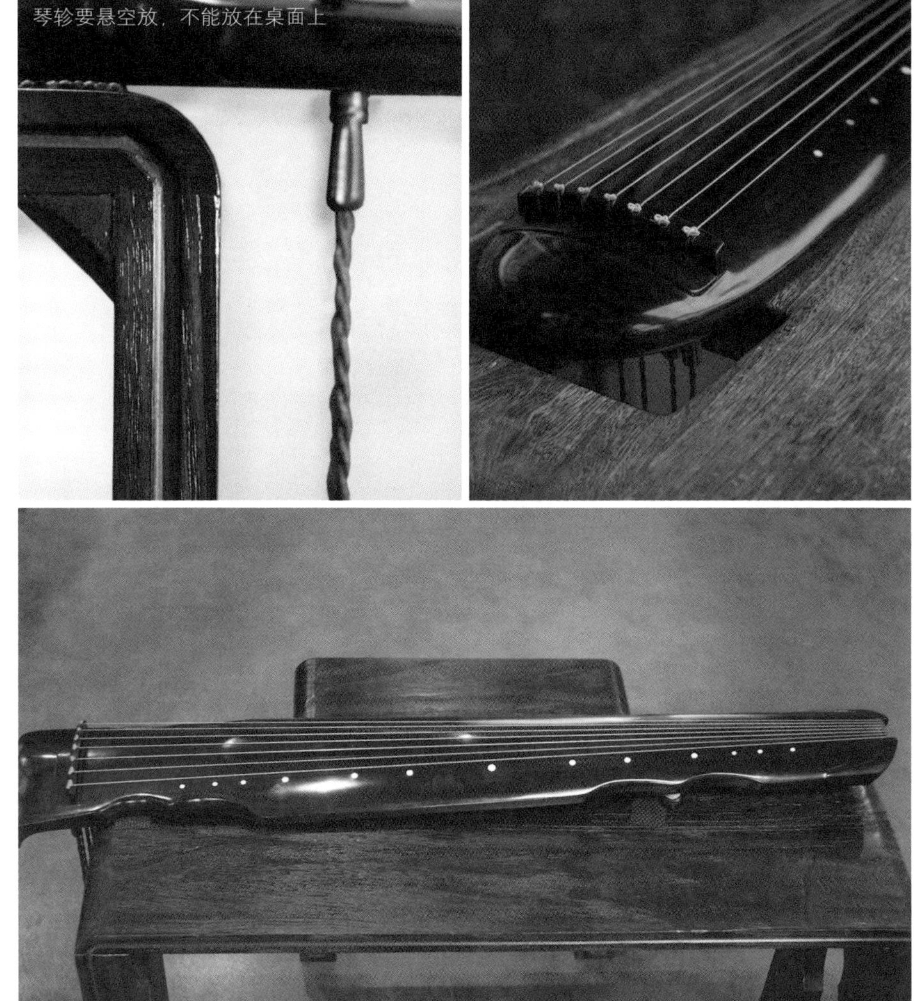

弹琴时坐在七弦一侧，古琴边沿与琴桌边缘平行

琴轸内侧与雁足应垫上防滑垫

183 怎样按准徽位

我们弹琴时，身体正对着琴的五徽处，靠琴的右侧，当看向左侧时，左手按徽位会有视觉差。所以，初学者可以按住徽位，停下来，将身体侧向左边，看自己的手指按的徽位准不准。如此反复练习，记住正确的位置，慢慢就能找准徽位了。

另外，听声音，记住徽位正确时的琴音，琴音到手就会自然停住。

184 初学者怎样学习古琴最有效

建议初学者选择一周上一次课，一次课一小时左右，上一次课学习的内容正好练习一周，这样基本功会更加扎实，更有利于后面的学习。

上课形式方面，一对一的学习古琴的会学得更快些，一对二或小班课进度会稍慢一些，可根据个人情况选择上课方式。

185 零基础学习古琴多久能弹奏一首完整的古琴曲

如果老师教授方法得当，学琴者认真练习，一般一个月左右可以完整弹奏开指小曲《仙翁操》，三个月左右可以完整弹奏《阳关三叠》《关山月》等中级曲目。

186 弹古琴需要用假指甲吗

弹奏古琴不需要用假指甲。一般右手大指、食指、中指、无名指要留一点真指甲，左手不留指甲。

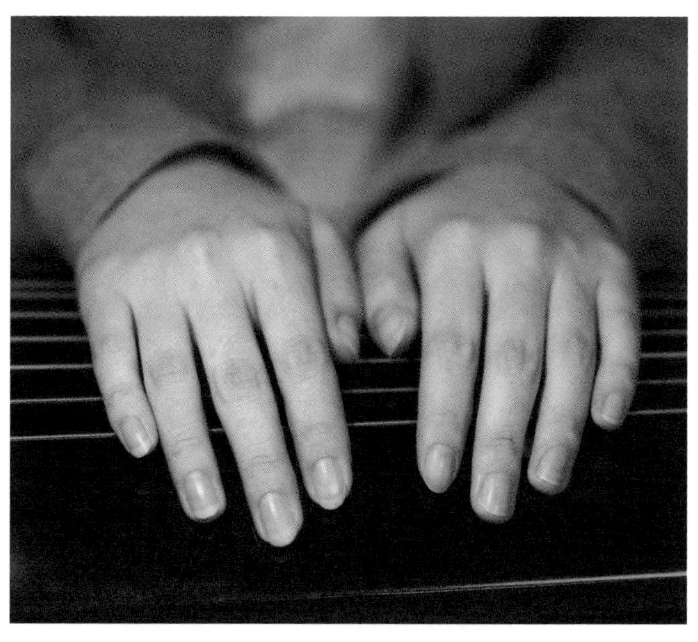

187 指甲太软或留不住指甲能弹奏古琴吗

指甲太软或留不住指甲也可以弹奏古琴，并不影响弹奏，只是琴音会闷一些。

188 怎样才能弹出古琴曲的意境来

首先，古琴弹奏需建立在技巧熟练基础之上；其次，应注意多琢磨，揣摩曲意，很多古琴曲有解题，要认真阅读，体会原作者的情感，了解相关的时代背景、历史文化与古琴曲表达的精神内涵。最后，将自己融入古琴曲中，弹奏出自己理解的琴曲意境。

189 古琴有考级吗

古琴有考级，分一至十级。以北京为例，北京每半年有一次古琴弹奏艺术水平考级，一般在二月和八月，由中国民族管弦乐学会古琴专业委员会（简称“中国琴会”）负责组织。考级合格者发放由文化部全国社会艺术水平考级中心监制的“全国民族乐器演奏艺术水平考级”等级证书。

190 抚琴的衣着应是怎样的

抚琴时，着装应整洁、宽松适度，衣着样式、质地和颜色应与琴文化的内涵相合。

抚琴、焚香与品茗

抚琴、焚香、品茗，

三种从容散淡的精神享受密不可分。

由于精神追求的一致，

琴、香、茶的品赏礼仪有很多相似之处。

191 什么是古代文人“四艺”和“四雅”

琴、棋、书、画为备受古代文人推崇的四项技能，称为“文人四艺”，简称“四艺”。琴为古琴，棋为围棋，书为书法，画为绘画（中国画）。

焚香、烹茶、插花与挂画为“君子四雅”，简称“四雅”。“四雅”透视出中国古代文人生活的闲情逸致和从容散淡。

书斋静逸，庭院幽深，静坐观书、对弈抚琴，或书写渲染、焚香品茗……四雅四艺共同构成了古代文士高品质的精神文化生活。

192 古人抚琴对环境有什么要求

古代弹奏古琴的多为文士，他们追求至高无上的精神世界。无论通过古代诗文中的文字描述，还是流传下来的古画的描绘，都能发现，古人喜欢在环境雅致的地方操琴，为知音弹琴，为自己弹琴，为自然弹琴，或在高山流水之畔，或在古松下的巨石之上，或在竹林兰亭中，或在窗前圆月下，旁边有一二知音或是烹茶焚香的僮仆。

193 抚琴时为何要焚香

古人在进行一些重要的活动前，都会通过斋戒、沐浴、焚香等活动收敛心神，净化身心，通过这些仪式表示虔诚的态度。在抚琴时焚香，一来体现对抚琴恭敬、重视的态度，二来通过焚香使人凝心静气、放松身心，从而心无杂念地进入弹奏状态。

除了操琴，中国人品茗、弈棋、书法、绘画、打坐时也有焚香的习惯。

194 抚琴与品茶为何常同时进行

琴、棋、书、画、诗、酒、茶都是文人雅士们日常生活中不可缺少的一部分，唐诗写酒，宋词写茶，酒和茶是生活的必备品，也是文人们创作的灵感，琴、棋、书、画将古代文人的日常生活艺术化，茶虽是生活必备品，但品茶为雅事，若在品茶时加上四艺之首的“琴”声助兴，可使人获得更完美的精神享受。

195 为什么品茶时最适合听古琴曲

中国茶道思想与琴学思想在精神追求、审美内涵等方面非常契合。中国茶道思想为和、静、怡、真。“和”是中国哲学思想的核心，也是茶道的灵魂；“静”是中国茶道修习的不二法门；“怡”是中国茶道修习实践中的心灵感受；“真”是中国茶道的终极追求。而中国古琴文化追求“清、微、淡、远、中、正、平、和”，其哲学思想和审美内涵丰富，古琴音乐具有深沉蕴藉、潇洒飘逸，追求含蓄、内在的神韵和意境。琴与茶均能营造“虚”“远”的空灵美感，因而两者非常契合，品茶与听琴相得益彰。

196 品茶时常听哪些古琴曲

品茶时常听的古琴曲如《梅花》《流水》《潇湘水云》《平沙落雁》等。

197 茶会上怎样请琴师抚琴才合乎礼仪

如在茶会上碰到琴师，可以征求琴师意见，在琴师同意后，请琴师弹奏一首琴曲——请琴师选定曲目，而非指定某曲。琴师如果同意弹奏，一般会弹一首自己最擅长、同时又非常符合当时氛围的琴曲。

如果要求琴师弹某一首自己指定的琴曲，则很不礼貌，甚至可视为禁忌。究其原因——古琴曲目很多，你在无法确认这首琴曲琴师是否能够演奏，这首琴曲是否为琴师所擅长，在这种情况下，要求琴师弹某一指定的琴曲非常失礼。

198 古琴表演时，琴师应注意哪些礼仪

① 古琴表演时，上台要先行礼，以示对宾客的尊重，也示意弹奏即将开始，请观众肃静。

② 演奏古琴前要当着宾客的面先调音，以示琴师非常重视此次的演奏。

③ 演奏结束后，琴师双手放在琴弦上，按住琴音，行低头礼，以示表演结束。

199 听琴者应遵守哪些基本礼仪

聆听古琴演奏时，我们应遵守一些基本礼仪，这既是对琴师的尊重，也是对自己的尊重。听琴应遵守的基本礼仪有：

① 仪容整洁，着装端庄得体，这是对弹奏者基本的尊重。

② 不要迟到，迟到者中途进场会影响琴师，也会影响其他听众的欣赏。

③ 琴师调音时，听琴者应保持安静。

④ 琴师表演中，听琴者不可提问，不可与旁人交谈，不可在现场打瞌睡，不可随意走动，不可饮食。以上行为均会打扰琴师演奏，并打扰其他听众。

⑤ 关闭手机或选择静音状态，不可在演奏现场接、打电话。

200 不同场合下，抚琴者应注意什么

古琴演奏有舞台表演、雅集、茶会、琴友切磋交流或琴师抚琴自娱等形式。

不同场合，抚琴时所注重的也不同。

① 舞台表演较为庄重，需要对观众负责，所以准备工作要全面，要注意琴容，服饰、妆容、言行举止都要非常得体。

② 雅集和茶会则要根据主题选择琴曲和服装，要和此次聚会的主题相契合。

③ 琴友切磋没有太大约束，可以自由发挥自己的特点，和琴友交流心得，共同进步。

④ 抚琴自娱更注重自己的内心感受，一切随心所欲，自由自在，合己心意。

201 什么是被古琴的主人视为禁忌的行为

雅集抚琴、茶会听琴、朋友小聚抚琴听琴时，抚琴者和听琴者都应注意礼仪。有一点需特别注意——未经主人许可，不要随便触摸琴师的古琴。

在集会上常常看到有些不会弹琴的听琴者用手去触碰古琴的琴面、琴弦，甚至拨动琴弦，这样可能对古琴造成伤害，琴师通常非常心疼。没有征得主人的同意就弹动古琴，这是对主人的不尊重。

如果想触碰别人的古琴，一定要先征得主人的同意，主人会告诉你弹这张琴需注意的事项和这张琴的特点。

未经允许触碰别人的古琴如同品茶时随便拿起茶师的泡茶壶和品茶杯，是非常失礼的行为。

202 品茶礼仪和听琴礼仪有哪些相同和不同

品茶和听琴同样，作为宾客，都需遵守基本的礼仪，以表示对琴师和茶师的尊重。

品茶和听琴礼仪的相同之处为：

① 仪容整洁，端庄得体。

② 不迟到，提前到达静候开始。

③ 表演中不提问，不与旁人窃窃私语，不在现场打瞌睡，不随意走动。

④ 在表演中手机关机或者静音，不在现场接、打电话。

品茶与听琴礼仪的不同之处有：

① 品茶时会互相交流每泡茶的滋味口感，而听琴时不应交流，听琴结束再交流。

② 品茶时可以吃些茶点，听琴时不能吃东西。